中国高校艺术专业技能与实践系列教材

国家产品艺术设计高水平专业群系列教材

界面设计

JIEMIAN SHEJI

桂元龙◆总主编

胡 克 姚嘉毅 伏 波◆主 编

人民美術出版社

北京

图书在版编目（CIP）数据

界面设计 / 桂元龙总主编；胡克，姚嘉毅，伏波主编. -- 北京：人民美术出版社，2023.12
中国高校艺术专业技能与实践系列教材 国家产品艺术设计高水平专业群系列教材
ISBN 978-7-102-09162-4

Ⅰ. ①界… Ⅱ. ①桂… ②胡… ③姚… ④伏… Ⅲ. ①人机界面－程序设计－高等学校－教材 Ⅳ. ①TP311.1

中国国家版本馆CIP数据核字（2023）第087230号

中国高校艺术专业技能与实践系列教材
ZHONGGUO GAOXIAO YISHU ZHUANYE JINENG YU SHIJIAN XILIE JIAOCAI
国家产品艺术设计高水平专业群系列教材
GUOJIA CHANPIN YISHU SHEJI GAO SHUIPING ZHUANYE QUN XILIE JIAOCAI

界面设计
JIEMIAN SHEJI

编辑出版　人民美術出版社
（北京市朝阳区东三环南路甲3号　邮编：100022）
http://www.renmei.com.cn
发行部：（010）67517799
网购部：（010）67517743
总 主 编　桂元龙
主　　编　胡　克　姚嘉毅　伏　波
责任编辑　胡晓航
装帧设计　茹玉霞
责任校对　白劲光
责任印制　胡雨竹
制　　版　北京宇间科技有限公司
印　　刷　天津图文方嘉印刷有限公司
经　　销　全国新华书店

开　本：889mm×1194mm　1/16
印　张：11
字　数：100千
版　次：2023年12月　第1版
印　次：2023年12月　第1次印刷
印　数：0001—2000册
ISBN 978-7-102-09162-4
定　价：70.00元

序　言

FOREWORD

喜闻桂元龙教授主编“国家产品艺术设计高水平专业群系列教材”即将付梓，欣喜之。

常记得著名美学家朱光潜先生的座右铭：“此身、此时、此地。”朱老先生对这句话的解读，朴素且实在：凡是此身应该做且能够做的事情，绝不推诿给别人；凡是此刻做且能做的事情，便不推延到将来；凡是此地应该做且能够做的事，不要等未来某一个更好的环境再去做。在当代高职教育人的身上，我亦深深感受到了这样的勤勉与担当。作为与中华人民共和国一同成长起来的新时代职教人，于教材创新这件事，他们觉得能做、应该做、应该现在做。于是，我们迎来了桂元龙教授主编的“国家产品艺术设计高水平专业群系列教材”。

情怀和梦想之所以充满诗意，往往因为它们总是时代的一个个注脚，不经意就照亮了人间前程。中华人民共和国的高职教育，历经改革开放40多年的发展，在新时代的伊始，亦明晰了属于自己的诗和远方。“双高”计划的出台，其意义不仅仅是点明了现代高职教育高质量发展的道路，更是几代人“大国工匠”的梦想一点点地照进现实的写照。

时光迈入新世纪第二个十年，《国家职业教育改革实施方案》《关于实施中国特色高水平高职学校和专业建设计划的意见》等政策文件的发布，吹响了中国现代职业教育再攀高峰的号角。广东轻工职业技术学院作为粤港澳大湾区内历史最悠久、专业(群)门类最齐全、全面服务产业转型升级的国家示范性高职院校，亦在2019年成功申报为国家“双高”职校，艺术设计学院产品艺术设计专业群成功申报为国家“双高”专业群，更是可喜可贺！“国家产品艺术设计高水平专业群系列教材”诞生在这样的背景下，于我看来，这是对我们近40年中国特色高等职业教育最好的献礼。

教材是教学之本，教育活动中，各专业领域的知识与技术成果最终都将反映在教材上，并以此作为媒介向学生传播。由此观之，作为国家“三教改革”重点领域之一的教材，其重要性不言而喻。依据什么原则筛选放入教材内容、应该把什么样的内容放入教材、在教材中如何组织内容，这是现代高等职业教育教材编制的经典三问。而“国家产品艺术设计高水平专业群系列教材”则用“项目化”“模块化”“立体化”三个词，完美回答了这一系列灵魂拷问。在高质量发展成为当代高等职业教育生命线的当下，“引领改革、支撑发展、中国标准、世界一流”成为广东轻工艺术设计高职教育者的新追求。以桂元龙教授为总主编的编写团队秉持这一理念和追求，率先编写和使用这样一套高水平教材，作为他们对现代高等职业教育的思考和实践，无疑是走在了中国特色高等艺术设计职业教育的最前沿。

这种思考和实践，无论此身、此时、此地，于这个时代而言，都恰到好处！

是为序。

中国工业设计协会秘书长
浙江大学教授、博士生导师
应放天
2022年7月20日于生态设计小镇

前 言
PREFACE

随着信息技术和互联网的飞速发展，界面设计领域迅猛发展，变革日新月异。传统的仅考虑功能性的设计思维已经不能满足需求，人们需要更有趣、更有“温度”、更有情怀、更有人文精神的以用户为中心的交互体验。新的用户需求与智能产品融合，促进了界面设计领域的多元化发展，催生了很多体验性强、充满情感化和个性鲜明的界面设计作品。界面设计涉及产品艺术设计、游戏艺术设计、数字媒体艺术设计等专业领域。界面设计职业岗位是当今互联网信息科技领域重要的职业岗位之一，以界面设计师为例，涉及智能产品界面设计、终端软件界面设计、媒体播放器界面设计、游戏界面设计、桌面主题定制、软件图标设计、识别设计、手机界面设计、计算机终端界面设计、车载电子设备界面设计等，就业前景广。本书主编在国际互联网公司任职多年，2001年进入学校从事教学工作，2020年针对互联网的发展和智能产品的迅速普及，设立“产品界面设计”课程，围绕产品艺术设计、数字媒体艺术设计和游戏艺术设计专业方向进行课程设计改革。经过几年的教学研究和课堂实践，结合多年企业的实践，不断与产品设计公司一线设计师进行交流、讨论和研究，越来越清晰地掌握了在互联网环境下产品界面设计课程的设计思路和方法。

参与本课程编写的师资人员具有多年的社会实践和企业工作背景，主持和参与过实际设计项目的工作，来自国内著名艺术设计院校广州美术学院、江南大学设计学院、广东工业大学等，专业有艺术设计方向、交互设计方向和信息技术方向。

希望本书能给那些对产品界面设计感兴趣的学子带来帮助，也希望本书能给予更多设计师信心，激励更多人为界面设计行业的发展贡献力量。最后，感谢多所高校和界面设计业界几位前辈的支持和鼓励。感谢相关企业在本书调研过程中给予的支持和帮助。

编者

2023年7月

课程计划

CURRICULAR PLAN

章 名	章节内容	课时分配	
导学	第一节 概述	1	2
	第二节 界面设计行业的职业岗位、素质、能力与知识要求	1	
第一章 什么是界面设计	第一节 什么是界面设计	1	13
	第二节 交互设计、用户体验设计和界面设计	2	
	第三节 界面设计的发展	2	
	第四节 界面设计案例介绍	4	
	第五节 界面动效设计	4	
第二章 界面设计构成要素	第一节 界面设计必须具备的要素	2	8
	第二节 界面设计信息架构和高保真原型	2	
	第三节 界面设计的屏幕尺寸	4	
第三章 界面设计在 产品设计中的应用	第一节 智能产品界面设计（产品端）	2	8
	第二节 智能产品界面设计（小型产品移动端）	2	
	第三节 设计与实训	4	
第四章 数媒艺术设计中的 界面设计	第一节 界面设计在APP设计中的应用	2	9
	第二节 界面设计在H5互动小程序中的应用	2	
	第三节 设计与实训	4	
	第四节 案例分析	1	
第五章 游戏设计中的界面设计	第一节 界面设计在游戏设计中的应用	2	8
	第二节 界面设计在H5游戏中的应用	2	
	第三节 设计与实训	4	

内容提要
SUMMARY

本书详细讲解了界面设计的概念和工作全流程，内容专注于产品界面设计、移动终端应用界面设计等的设计任务。本书包含七大组成部分，分别是：导学，对界面设计的职业发展路径和工作岗位职责作详尽的介绍；第一章为什么是界面设计，通过解析界面设计的定义，以及将界面设计与体验设计等其他相关领域的设计工作进行比较，厘清界面设计的工作范围，同时了解和掌握界面设计的发展历史、优秀案例和动效设计知识；第二章为界面设计构成要素，详细阐述了构成界面设计工作的要素，即用户行为分析、市场调研、竞品分析，同时了解和掌握信息架构和高保真原型的原理、屏幕尺寸参数等知识；第三章为界面设计在产品设计中的应用，详细列举和分析了六个产品端界面设计项目、四个移动端界面设计项目，并以任务布置的形式，提出六个产品界面设计解决方案，与学习者进行分享；第四章为数媒艺术设计中的界面设计，详细讲解界面设计在APP设计中的应用、在H5互动小程序中的应用和案例分析；第五章为游戏设计中的界面设计，详细讲解了界面设计在游戏类作品，包括H5类别作品当中的应用以及具体的设计与实训；结语部分，总结了本书的内容。

本书适合作为院校界面设计相关课程的教材，也可供界面设计相关从业人员自学参考。

目　录
CONTENTS

导学

第一节　概述

第二节　界面设计行业的职业岗位、素质、能力与知识要求

导　学

第一节　概述

概述部分主要介绍本书的内容框架和主要的知识点，包括用户界面设计的基本概述，设计岗位的职业前景，课程内容知识与工作岗位的关系，界面设计行业的职业岗位、素质、能力与知识要求。本书的模块构成等五大部分，并延伸出相关知识的学习和小练习，使学习者对界面设计知识及其工作内容有一个初步的直观认识，循序渐进地进入到界面设计领域的学习状态。

一、内容概述

用户界面设计，英文为User Interface Design，最初是随着计算机技术的发展而逐步建立起来的人机交互层面的设计领域。从20世纪80年代到今天，它已经从最初仅关注计算机软件用户界面设计的范畴扩展到涵盖具备计算功能的智能产品、移动应用软件的操作和信息显示交互层面的设计。用户界面设计工作涵盖了对电脑、家电、移动设备和其他电子设备可用性的分析以及用户体验的设计。

下面将从用户界面设计的目标、视觉设计和相关专业领域三个方面对用户界面设计进行阐述。

从以用户为中心的设计角度来看，用户界面设计的目标是使用户与智能产品和各种软件的交互尽可能简单和高效。通过良好的用户界面设计，用户在使用具有交互界面的产品时能够获得良好的体验，并且能够充分满足他们的目标和需求。因此，优秀的用户界面设计有助于用户快速完成任务，同时避免引起用户的烦恼，从而提高使用效率，减少不必要的低效性。

从视觉设计的角度来看，界面设计的可用性需要借助设计语义学、功能实用的图形设计和版式设计等重要组成元素来实现。这些元素帮助设计师通过视觉上的创意引导用户正确执行界面交互动作，提升产品的使用体验，并为用户提供视觉和音效上的美感享受。因此，设计水平的高低直接影响用户在界面功能上的使用效率和欲望。

在界面设计的专业领域中，设计师必须在功能性和视觉美感之间取得平衡。这包括考虑用户的行为习惯、人体各部分尺寸、文化背景等因素。所有这些因素都与交互产品中的用户、机器和使用环境之间的相互影响和相互制约的应用场景有关。因此，界面设计涉及多个专业领域，如人因工程、用户研究、心理学和图形学等。界面设计师需要具备跨领域的专业知识，成为综合型人才。同时，艺术设计和其他相关专业的人才也可以参与到界面设计的工作中。（图1）

二、界面设计的职业前景

随着信息技术的不断发展，界面设计领域涌现出多种创新的设计艺术表现形式。在国内，界面设计行业起源于软件信息产业的发展。特别是在经济发达的粤港澳大湾区、长三角和京津冀等经济圈，市场对界面设计领域人才的需求非常旺盛，这为高

图 1　界面视觉设计

等院校开设与界面设计相关的专业提供了良好的就业前景和职业发展空间。与此同时，体验设计和交互设计领域也在不断向前发展，知识更新换代的速度日新月异。从多媒体功能的实现到情感交互的人机体验过程，这些都成为设计发展的趋势。在这个过程中，界面设计起到了重要的作用。

以界面设计师为例，他们的工作范围非常广泛。他们涉及的领域包括智能产品界面设计、移动终端应用程序界面设计、游戏界面设计、操作系统和应用软件的皮肤定制、图标设计、视觉识别设计、交通工具智能座舱界面设计等。界面设计师需要具备跨领域的知识和技能，以应对不断变化和多样化的设计需求。

在界面设计行业中，根据企业对设计人员工作内容的分类，界面设计师的工作可以分为两种主要类型。

一是视觉图形设计师，这是目前国内大多数从业者从事的工作内容。这些设计师通常来自美术院校或综合类高校的美术设计二级学院。他们通常具备美术设计教育背景，如产品艺术设计、视觉设计、数字媒体艺术设计等。视觉图形设计师主要负责界面的外观和视觉表现，包括颜色、图形、排版等方面的设计。

二是交互产品的体验设计师，这种类型的设计师主要负责设计交互产品的操作流程、内容结构和操作规范等。过去，这个岗位主要由具备软件学科背景的工程师担任，但现在越来越多的视觉设计师介入并主导项目的趋势。交互产品的体验设计师关注用户与产品之间的交互方式，力求提供用户友好的界面和良好的使用体验。

这两种类型的界面设计师在工作中可能会有一定的重叠，特别是在大型项目中。视觉图形设计师和交互产品的体验设计师可以相互合作，共同确保界面设计的视觉吸引力和良好的用户体验。

三、明确的课程与岗位工作内容的对接

界面设计课程旨在培养学生的职业能力和终身学习能力，帮助他们建立可持续发展的界面设计职业生涯。该课程以界面设计类相关工作任务和职业能力分析为基础，突破传统的知识传授模式，将学习过程与具体项目任务结合起来，让学生在实践中学习并构建职业能力。该课程的内容紧密围绕职业能力的培养展开，理论知识的选择基于完成工作任务的需求，并兼顾高职教育对理论知识的学习需求。课程以具体的界面设计项目为线索，让学生在完成项目的过程中掌握和应用最新的设计工具和技术，理解用户需求和行为特征，提升界面设计品质和用户体验。通过这些实践，学生将掌握界面设计的原则和方法，培养独立完成界面设计任务的能力，为未来的职业发展奠定坚实的基础。在教学过程中，通过校企合作和校内实训基地等多种途径，采用“工学商”的课程教学形式，为学生提供丰富的实践机会。教学效果评价采取过程评价与结果评价相结合的方式，重点评估学生的职业能力。理论与实践相结合，注重学生的职业能力培养。

第二节　界面设计行业的职业岗位、素质、能力与知识要求

这里列举一些有关界面设计行业的企业需求，如下表1：

表1：界面设计职业岗位分布

职业岗位	职业素质	能力（技能）要求	知识要求
设计助理（界面制作、界面动效制作）	身心健康、良好的职业道德、较强的专业素养、良好的文化和审美素养、严谨的工作作风、强烈的服务意识、较强的协作意识	观察能力、视觉造型设计能力、计算机辅助软件应用能力、表达沟通能力、逻辑思维能力、团队协作能力、自我学习能力、对新事物的适应能力	设计调查分析、搜集资料知识、草图知识、计算机辅助软件知识、界面视觉设计创意知识、界面交互设计知识、程序、设计表达方面的知识
设计师	身心健康、良好的职业道德、较强的专业素养、良好的文化和审美素养、严谨的工作作风、强烈的服务意识、较强的协作意识	观察能力、分析问题能力、交互设计评价能力、视觉造型设计能力、创造能力、徒手描绘能力、口头及视觉表达能力、逻辑思维能力、团队协作能力、自我学习能力	设计调查分析、搜集资料知识、草图知识、计算机辅助造型软件知识、界面视觉设计创意知识、界面交互设计知识、程序知识、项目设计和执行流程知识、设计表达方面知识、设计成本方面的知识
设计主管（设计指导、设计组长等）	身心健康、良好的职业道德、较强的专业素养、良好的文化和审美素养、严谨的工作作风、强烈的服务意识、较强的协作意识	较全面的沟通与协作、观察能力、分析问题能力、解决问题能力、交互设计评价能力、视觉造型设计能力、综合表达能力、逻辑思维能力、项目总体执行能力、自我学习能力	设计成本核算知识、设计营销方面的知识、设计调查分析知识、计算机辅助软件知识、界面视觉设计创意和策划知识、界面交互设计知识、界面设计项目流程知识、设计项目团队组织分工知识
设计总监	身心健康、良好的职业道德、较强的专业素养、良好的文化和审美素养、严谨的工作作风、强烈的服务意识、较强的协作意识	观察、分析、解决、全局把握问题能力，交互设计评价能力，造型设计能力，表达能力，逻辑思维能力，空间思维能力，团队协作能力，自我学习能力，全面的沟通与协作能力	设计项目成本核算及财会知识、设计营销方面的知识、调查分析知识、计算机辅助设计知识、界面视觉设计创意知识、界面交互设计知识、设计项目流程管理知识、综合表达方面知识、设计团队组织和管理知识

通过对体验设计创意产业中界面设计行业的不同职业岗位（如设计助理、设计师、设计主管、设计总监）进行分析，我们可以发现在界面设计工作领域中，不同层次的岗位有着不同的工作侧重点。然而，以下职业能力被视为界面设计行业岗位群的核心知识能力：用户调查分析知识、界面设计创意知识、计算机辅助设计知识和界面交互设计知识。这些核心能力对于学生的终身职业发展至关重要，并且这四种核心能力甚至可以伴随着学生的职业生涯发展。另外，整体设计策划能力对于学生在职业

岗位上迈向更高层次和获得更高收入发展也具有重要意义。本书主要关注于产品界面设计、移动终端应用（APP）的界面设计等设计任务。针对这些界面设计任务和案例分析，本书分为以下七大部分：

- 导学
- 什么是界面设计
- 界面设计构成要素
- 界面设计在产品设计中的应用
- 数媒艺术设计中的界面设计
- 游戏设计中的界面设计
- 结语

小结和练习

本部分介绍了本教材的结构和知识点，为后续课程的学习和实践打下基础。

通过本节课内容的学习，请同学们完成以下练习：

第一，有哪些产品需要界面设计？

第二，界面设计工作需要具备哪些技能？

第一章　什么是界面设计

第一节　什么是界面设计

第二节　交互设计、用户体验设计和界面设计

第三节　界面设计的发展

第四节　界面设计案例介绍

第五节　界面动效设计

第一章　什么是界面设计

本章概述

本章分为五节，分别介绍了界面设计的基本概念、界面设计和交互设计之间的关系、界面设计的发展过程以及界面动效设计，还包括界面设计的案例。其中第一节，什么是界面设计，详细阐述了界面设计的基本定义，旨在让学生深刻理解界面设计的核心概念和要素。第二节为界面设计和交互设计以及用户体验设计的关系，介绍了界面设计和交互设计以及用户体验设计之间的异同点和相关性，帮助学生理解三者在设计过程中的相互影响和合作关系。第三节为界面设计的发展过程和未来趋势，以简明扼要的方式梳理了界面设计的发展历程，通过图文并茂的展示方式呈现出来，同时，对界面设计在当前和未来一段时间内的发展方向和趋势进行解释，使学生的学习与行业发展的步伐保持同步。第四节为界面设计案例介绍。第五节介绍界面动效设计。

学习目标

本章的目标是使学生广泛了解界面设计领域和职业的发展历程，同时区分清楚界面设计和交互设计职业岗位之间的差异和共同点。通过本章的学习，学生们可以详细了解界面设计在不同时期的标志性事件，从而初步掌握界面设计的发展趋势，为后续的理论学习和项目实践奠定基础，能够更好地理解和应用界面设计的相关知识和技能。

第一节　什么是界面设计

在人与机器的互动过程中，存在一个重要层面，即界面（Interface）。用户界面是指系统和用户之间进行交互控制和数据信息交换的媒介，其关键作用是实现系统信息的内部形式与人类可以接受的形式之间的转换。基本流程如下：用户通过键盘、语音、实体按钮等输入设备向具备智能计算功能的机器发出控制指令，机器开始进行运算，产生并输出结果作为反馈信息。这些反馈信息可以通过显示屏幕、声音、灯光、震动或执行机构等形式传达给用户。用户可以根据机器的反馈来决定下一步如何操作。

一、概念和定义

用户界面（User Interface，也称作使用者界面，简称UI）包含以下含义：

广义上，用户界面是人与机器之间进行控制和交流的媒介。

狭义上，用户界面主要指智能产品的数字虚拟界面和软件界面。通过用户界面向智能机器发出指令后，智能机器开始进行运算，产生并输出结果作为反馈信息。用户可以根据智能机器的反馈来决定下一步如何操作。用户界面位于用户与硬件之间，是为了双向交互和完成目标任务而设计的相关软件。

从心理学角度来看，界面的使用过程包括感觉（视觉、触觉、听觉等）和情感两个层面。

界面设计的主要工作内容包括对界面样式、有效的人机交互、合理的操作逻辑和精美的界面元素进行整体设计。界面设计涉及认知心理学、设计学、语言学等多个学科领域。用户界面设计是屏幕产品中的重要组成部分，是用户操作智能产品或软件时首先接触到的部分。

用户界面设计遵循三大原则：将界面置于用户的控制之下、减少用户的记忆负担、保持界面的一致性。界面设计包括布局、信息结构以及在显示屏和各种终端平台上有效呈现界面元素等方面。（图1–1）

图 1–1　用户界面设计所包含的内容

传统上，人机交互（HCI，Human Computer Interaction）主要涉及数字界面领域，从过去的打孔机、命令行发展到如今的图形用户界面（GUI，Graphic User Interface）。（图1–2）

二、用户界面应用领域

在当今智能产品深入我们生活的情况下，人机交互已经发展从数字界面延伸到物理交互界面，超越了数字图形界面的虚拟和二维显示的限制。在产品艺术设计领域，用户界面（UI）是人机交互的桥梁和互动的空间。其目的是允许人类以有效的方式操作和控制机器，同时机器反馈的信息和数据有助于操作者做出下一步工作的决策。用户界面由计算机操作系统、界面组件、应用内控件等交互组件组成。在设计用户界面时需要考虑人体工程学和心理学等学科领域的相关知识。

通常，用户界面设计的目标是通过软件系统有效地操作机器，产生并输出用户所期望的结果，实现软件或机器的最大可用性。同时，用户在使用过程中应获得高效和愉悦的体验。一款优秀的软件应具备实用、易用和美观这三个特性，它们相互交织，缺一不可。调查显示，超过90%的用户认为应用程序的易用性比美观性更为重要。实用性是软

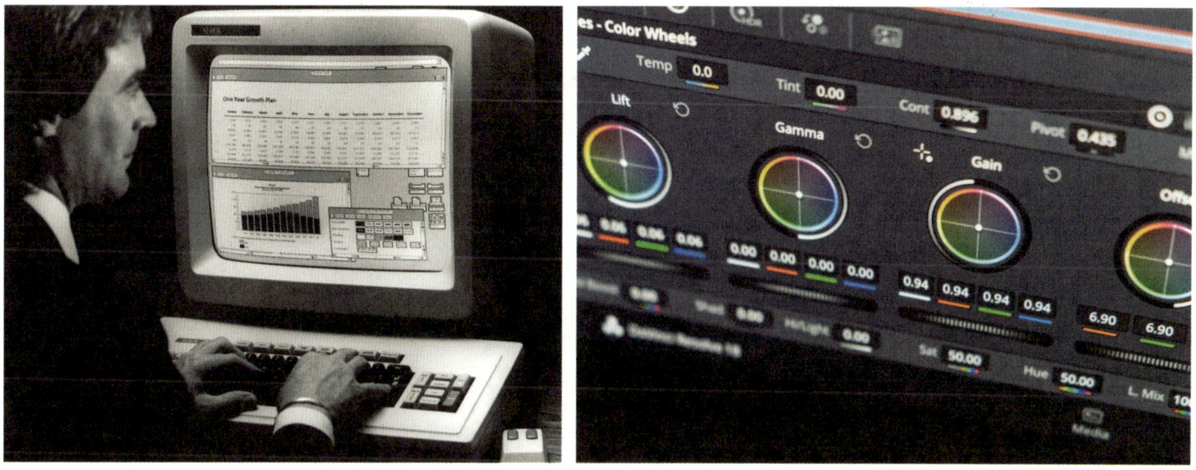

图 1–2　图形用户界面（GUI）

件的基本要求，只有满足用户需求，才能获得用户的信任和忠诚度。同时，美观的设计可以提高用户的使用体验和满意度，帮助软件在激烈的市场竞争中脱颖而出。然而，在追求美观的同时，应注意保持软件的易用性和实用性，避免让用户感到困惑和疏远。因此，如果两个软件的功能和价格相似，易用性将成为用户选择的首要标准；如果两个软件的功能、价格和易用性都相似，用户则可能会选择外观更为美观的软件。

好的用户界面主要有以下一些表现：

第一，界面美观和充满个性、创意，界面风格协调一致，操作步骤简洁高效。

第二，界面布局规整，逻辑性强。

第三，界面用语准确，贴近普通人的认知水平，用户容易理解。

第四，设计应考虑到用户的疏忽和错误操作，提供防呆机制，例如在执行可能造成损害的操作之前，向用户发出提醒并要求确认，以减少用户的误操作。

第五，提供进度条、动效来反映正在进行的进程，对于重要的操作有返回结果。

用户界面可以由一层或多层组成。其中，人机界面（HMI）层面是连接机器与物理输入硬件（例如键盘、鼠标或游戏手柄）和输出硬件（例如计算机显示器、扬声器和打印机）的界面。用于实现HMI的设备被称为人机接口设备（HID）。（图1–3）

除了人机界面层面，用户界面还可以涉及一种或多种以人类感官为基准的互动形式。这些形式包括触觉界面（触摸）、视觉界面（视觉）、听觉界面（声音）、嗅觉界面（气味）、重力界面（重力感应）和味觉界面（味觉）。我们可以将这些互动形式理解为以人类为标准的自然交互手段和方式。

通过这些不同的界面层面和互动形式，用户能够以多样化的方式与系统进行交互，满足不同的需求和体验。

三、用户界面的组成元素

输入：让用户可以进行选择或输入信息的界面组件，包括复选框、单选框、下拉框和文本域等交互组件等。（图1–4）

导航：用于选择浏览目的地和筛选信息的组件，包括下拉菜单、滚动条、页签和分页等。（图1–5）

信息：向用户提供反馈的交互元素，包括图标、图形图像、文字、多媒体、进度条和提示信息等。（图1–6）

图1–3 计算机的输入和输出设备

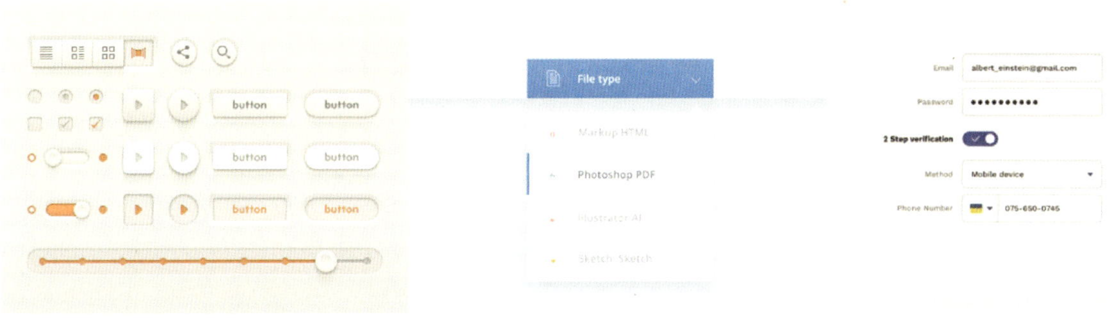

图 1-4　输入界面

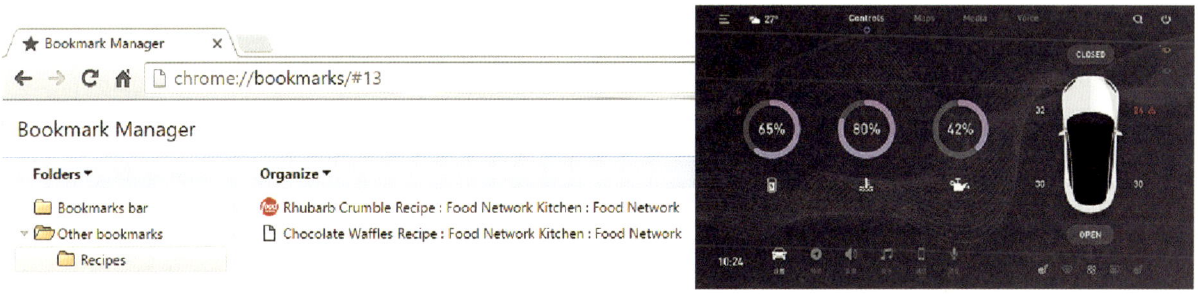

图 1-5　导航界面

图 1-6　反馈的交互信息元素

四、小结和练习

本部分的内容是为同学们梳理界面设计的基本概念和互动途径，初步概括出界面设计构成基本元素以及一个好的界面设计产品应具备哪些基本条件。

通过该部分的学习，请同学们完成以下练习：

1.列举我们生活中能遇到的带界面互动技术的产品（不少于5个）。

2.哪些界面设计作品是你最喜欢的，好在哪里？请列举出5件作品。

第二节　交互设计、用户体验设计和界面设计

本节的内容，包括交互设计的基本概念、什么是用户体验、什么是界面设计、用户体验设计师和界面设计师职业岗位之间的联系和区别，以及相关的职业工作内容。（图 1-7）

本部分所涉及的关键词包括：ICON、移动互联网、交互设计、碎片化、情绪板、用户界面、游戏界面、UI 设计、图标、APP、移动端应用、用户研究、以用户为中心的设计。学生可以通过网络预习上述这些关键词的基本含义和应用场景，为后续的学习做好准备。

一、交互设计

交互设计又称作互动设计（英文为 Interaction Design，缩写为 IXD），它是定义和设计人造系统行为的设计领域，重点在于交互模式的设计。交互设计的概念最初源自计算机软件领域。由于计算机软件功能复杂，但人机对话和交互无法像传统机械产品那样直观，因此产生了人机互动的交流形式，并逐步渗透到智能产品设计的各个方面。

交互设计旨在对用户的现实和潜在需求进行研究和定义，使用户能够通过交互界面高效、安全地使用和控制软硬件，并在使用体验上感到愉悦和易于掌握。现代计算机产品的使用和控制方式与过去的纯机械化时代有所区别，用户与产品互动的接口就是各种软硬件相互对应的控制界面。以用户为中心的设计在智能产品中尤为重要。对于智能化产品，情感的建立可以通过视觉、听觉、触觉、味觉等人体感知方式实现，而能够综合这些效果的设备，首推具备计算机和互联网功能的交互产品。

图 1-7　什么是交互设计、体验设计和界面设计

在国内，关于智能交互产品设计研究的理论起步时间约为十年。许多相关理论的研究商业应用尚不多见，而基于心理学等领域开发设计的产品更是稀缺。如何在市场、经济价值和技术基础上发现交互产品设计的机会，对交互设计师提出了新的要求。交互设计包括以下内涵：

第一，交互设计是设计人与物之间的对话。交互设计的目标包括设计的有用性、易用性和吸引力。

第二，交互设计在任何智能人造物（也可理解为“智能产品”）的设计和制造过程中都是不可避免的，只是在意识和无意识上有所区别。随着信息科技的发展和智能产品的快速涌现，产品和用户体验变得越来越复杂。在这种背景下，人们对交互设计的需求日益增强，它作为一门独立的学科逐渐形成并得到深入研究和应用。实际上，交互设计不仅仅是美学设计，更应以人性、用户体验和技术为核心，既是实现产品和用户之间有效交互的最佳方式，又是人、产品和使用场景有机融合的体现。交互设计的发展不仅推动了该领域自身的进步，还促进了其他学科的发展，如人机交互、视觉设计等。然而，由于交互设计的研究者和实践者来自不同的专业领域，而且交互设计本身还在快速发展中，因此人们对某些问题尚未达成共识。

第三，新兴崛起的数字媒体使交互设计的研究变得更加多元化，各个学科领域的不同视角对交互

设计的理论进行了深入探究，使该领域的理论更加丰富多样。同时，许多新产品的设计在很大程度上吸收并应用了交互设计的原则和元素。

二、用户体验设计

用户体验设计（User Experience Design），简称为“UX设计”，是以用户为中心的一种设计手段，旨在以用户需求为目标进行设计。设计过程注重以用户为中心，并将用户体验的概念贯穿始终（图1–8）。其目的是确保以下要素的实现：以用户需求为目标的设计手段，设计过程注重以用户为中心，强调用户体验的重要性，并贯穿整个流程。设计师需要深入研究用户，理解他们的需求和体验感受，以便为用户提供最佳的设计方案。通过持续的反馈和测试，设计师可以不断改进和优化设计，使产品更符合用户的期望和需求。用户体验设计的实现包括以下方面：

第一，对用户体验进行准确评估。

第二，确定用户使用产品的真实期望和目的。

第三，在设计项目过程中，通过控制时间节点和成本，对设计进行修正。

第四，确保功能核心与人机界面之间的协调工作。

三、界面设计

界面设计旨在满足软件领域中数字产品对使用界面进行功能化、美化和规范化等优化设计的需求。它包括启动画面设计、界面布局设计、按钮设计、面板设计、菜单设计、标签设计、图标设计、滚动条及状态栏设计等内容。界面设计是人机交互设计的重要组成部分，也是软件产品给用户留下的第一印象。在本教材中，界面设计不仅包括数字界面和实体界面的互动操作界面设计，还包括启动画面设计、界面布局设计、按钮设计、面板设计、菜单设计、标签设计、图标设计等内容。（图1–9）

四、用户体验设计师与界面设计师的职业区别和联系

（一）二者的区别

用户体验设计师，也称为UX设计师，担负着

图1–8　电子乐器产品的交互界面设计

图1–9　TCL智能面板是一款用于多类智能家居设备连接和控制的一体式控制器

关注用户需求和反馈的主要职责，并致力于通过用户界面和信息架构的设计来提升用户的满意度和使用体验。以设计一款APP为例，交互设计师需要运用流程图和线框图等可视化工具来展示用户与APP之间的交互过程和信息架构，确保用户操作的流程顺畅，信息架构清晰易懂。此外，他们还需要与开发人员密切合作，确保设计的可行性和可实现性。因此，用户体验设计师需要具备扎实的设计能力、良好的沟通能力和出色的团队合作能力，以确保设计出符合用户需求和开发要求的产品，提高用户满意度并增强产品在市场上的竞争力。

用户体验设计师的关注重点在于用户与产品的交互过程、用户决策背后的心理、可用性的最优化选择、交互流程和信息架构的设计，以及产品的整体感觉等。用户体验设计师主要负责以下工作模块：

第一，信息架构

第二，站点地图

第三，用户交互流程

第四，低保真线框图

第五，高保真线框图

第六，原型设计

界面设计师，也被称为UI设计师，专注于数字产品在视觉呈现方面的效果，并且需要运用用户体验设计原则。他们的工作重点在于决定界面的颜色、字体、下拉菜单、标签等元素的风格和造型，同时考虑界面数字按钮是方角还是圆角等细节。现今业界对界面设计师的要求普遍强调视觉设计技能和创意能力的提升。除了熟悉各种设计软件和工具，界面设计师还需要理解不同设计元素的含义和作用，掌握色彩搭配、字体选择、版面编排等设计技巧，并提出创新的设计方案。

随着科技的发展和用户需求的变化，界面设计师需要跟上潮流和趋势，及时了解最新的国内外设计理念和技术。在与客户合作时，界面设计师需要将客户模糊抽象的需求转化为清晰可见的用户界面，准确量化每个组件的尺寸大小，并形成设计指南。有时甚至需要具备一定的前端程序编写能力。以下是界面设计师主要负责的工作模块：

第一，高保真线框图

第二，精美的UI视觉设计

第三，绘制图标/图片

第四，创建和维护样式库和视觉风格

第五，为原型设计做准备

第六，界面动效的设计制作

（二）二者的联系

在设计公司中，通常会设立用户体验设计师和界面设计师这两个不同的岗位，但在实际工作中，这两者需要密切合作。在项目设计中，缺乏用户体验设计思维的情况下很难进行出色的界面设计（图1–10）。因此，在设计项目的团队中，应该有一位用户体验设计师，同时还应该有一位界面设计

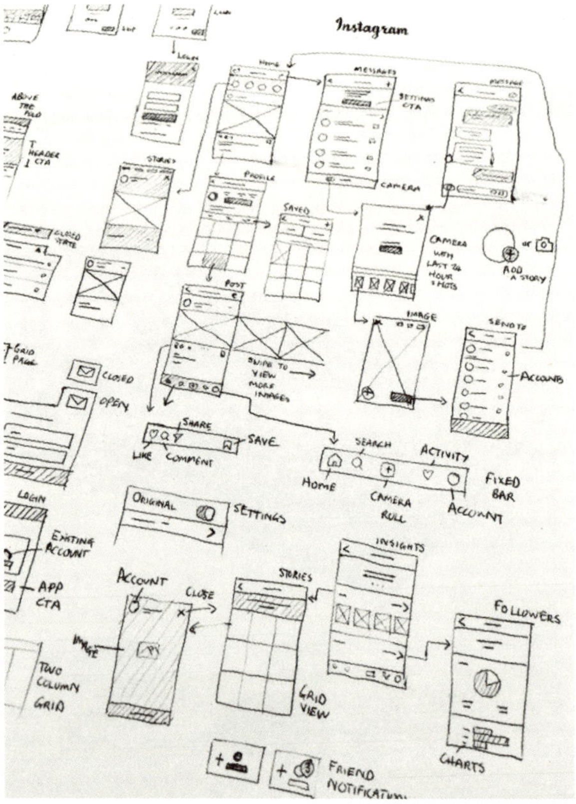

图1–10　用户体验交付品——为交互产品项目所做的用户体验交付物，涵盖了从研究到发布的整个用户体验设计过程

师。如果界面设计师本身具备用户体验设计所需的技能，那么可以节省用户体验设计师的人力资源。同样地，如果用户体验设计师具备界面设计的基础知识和技能，也可以节省界面设计师的人力资源。这样的合作可以促进团队的协作效率，确保用户体验和界面设计的综合质量。

五、小结和练习

交互设计是用户体验设计师和界面设计师设计工作的理论支撑，用户体验设计师和界面设计师则是交互设计领域具体的设计岗位，在交互设计项目的流程中扮演着不可或缺的关键角色。

通过本部分内容的学习，请同学们完成以下练习：

1. 在未来的设计工作中，界面设计将包含哪些工作内容？

2. 设计师需要具备哪些知识基础？

第三节 界面设计的发展

界面设计的发展可以追溯到20世纪初。当时，交互设计和相关的设计领域还未出现，市场对此类设计的需求几乎为零。那个时代，人们还在就现代设计与艺术之间的区别进行争论，设计师们在努力解决产品的可用性问题，而工业产品则主要依赖实体物理按键进行直接操作。（图1–11）

然而，数字时代的技术突破并非仅仅是添加显示器和键盘，也不只是半导体原件的微型化。数字时代的到来源于20世纪70年代计算机的逐步普及化，同时也伴随着图形用户界面（Graphical User Interface，简称GUI）的出现。GUI可以说是人机交互设计领域最伟大的理念和产品之一。图形用户界面的出现和发展使得人机对话和沟通变得更加简单直观。

一、用户界面发展过程

世界上首个图形用户界面诞生于施乐（Xerox）公司的帕洛奥托研究中心（Palo Alto Research Center，简称PARC）。这个事实被广泛认可，并且PARC的发展史以及其中的关键产品——施乐奥托（The Xerox Alto）个人计算机的故事，备受瞩目。甚至比尔·盖茨和史蒂夫·乔布斯也是PARC的粉丝。他们对施乐的学习和借鉴，最终促成了微软和苹果这两家世界级科技企业的崛起。（图1–12）

以下是伴随信息科技和计算机硬件技术线索的界面发展简史。

（一）首个拥有图形界面操作系统的计算机 Xerox Alto 及继承者 Xerox Star

1.1973年的Xerox Alto

1973年，施乐公司在加利福尼亚州的帕洛奥托研究中心开发了世界上首个拥有图形界面操作系统的计算机，名为Xerox Alto。它集合了当时计算机所有元素，拥有可视化操作界面，包括3键鼠标、显示器、图形窗口和以太网络连接。（图1–13）

Xerox Alto的继承者是Xerox Star，于1981年首次使用了窗口化设计。尽管Xerox Star在商业上未获得成功，但其研发团队在计算机交互界面方面的创新和探索为后来的用户图形界面普及做出了卓越贡献。Xerox Star引入了许多创新的元素，如鼠标、矩形窗口、滚动条、按钮、桌面、面向对象编程和多任务处理。

图1–11 工业产品也是完全依赖实体物理按键来直接操控各种机械设备

图 1-12　世界上首个图形用户界面，来自施乐公司的 Xerox Alto 产品

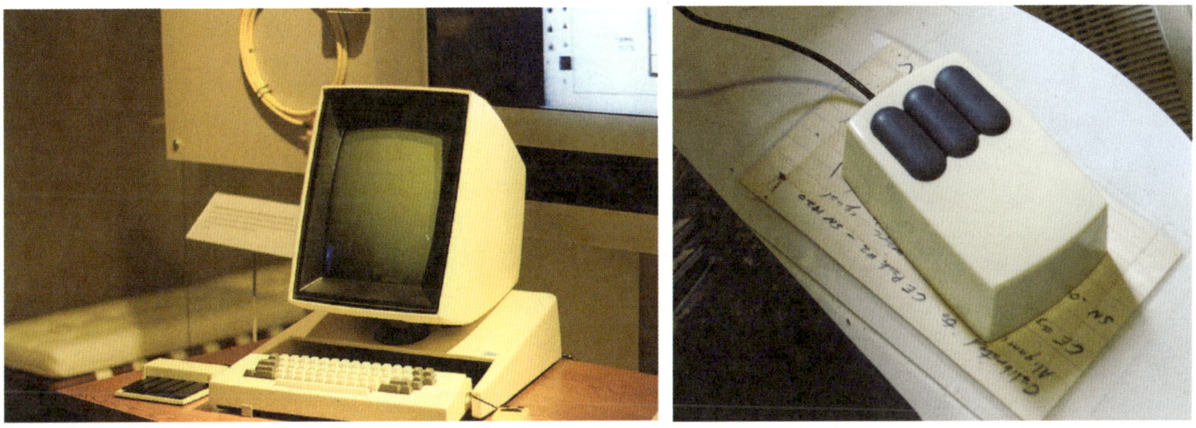

图 1-13　Xerox Alto 产品和三键鼠标

在人机交互界面设计中，常听到的“所见即所得”（WYSIWYG）概念最早应用于Xerox Alto计算机的设计理念中。Xerox Alto的GUI系统允许用户创建、编辑和查看文档，并以电子化形式在不同计算机之间存储、传输和调用文档，也可以通过网络将文档打印出来。（图1-14）

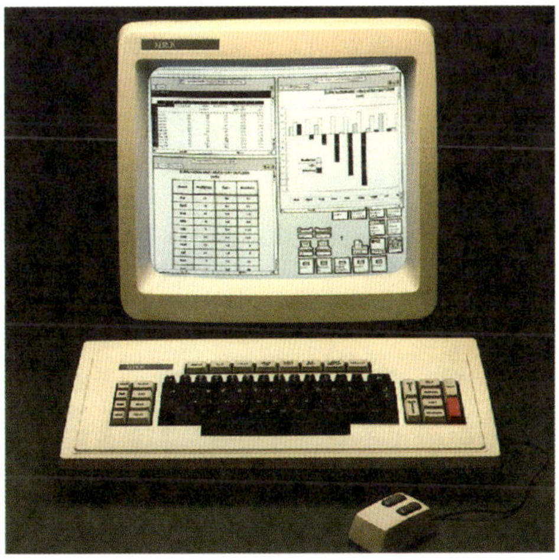

图 1-14　Xerox Star 和系统 GUI

2.1983年的Apple Lisa

1983年，苹果计算机公司推出了一款名为“Apple Lisa”的个人计算机，它具备了全球首个图形用户界面（GUI）。Apple Lisa的推出引领了个人

计算机技术的新发展，使用户能够通过更友好、直观的界面来操作计算机，不再需要输入烦琐的命令行指令。（图1–15）

（二）图形用户界面发展的关键事件

1.1986年的X Windows System

1986年，首款用于 Unix 的窗口系统X Window System 发布。（图1–16）

2.1988年的OS/2

OS/2是IBM公司独立开发的操作系统，于1987年首次推出。该操作系统的目标是提供一个功能强大、稳定可靠的操作环境。OS/2系统的设计理念是创造一种具有更好用户体验、更高效能和更强安全性的计算机操作系统。OS/2系统的诞生对计算机操作系统的发展产生了深远的影响。OS/2是“Operating System/2”的缩写，是IBM第二代个人计算机PS/2系统产品线的操作系统。（图1–17）

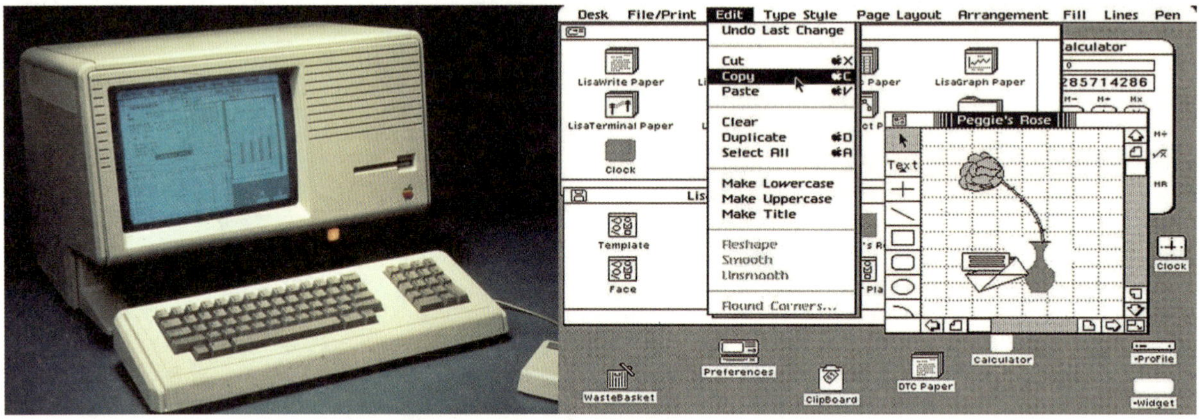

图1–15　Apple Lisa 个人计算机和图形用户界面

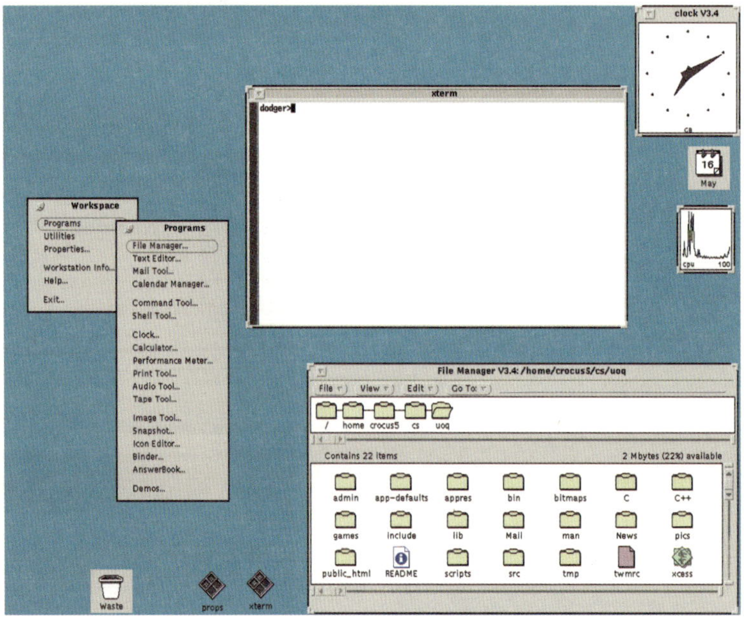

图1–16　X Windows System

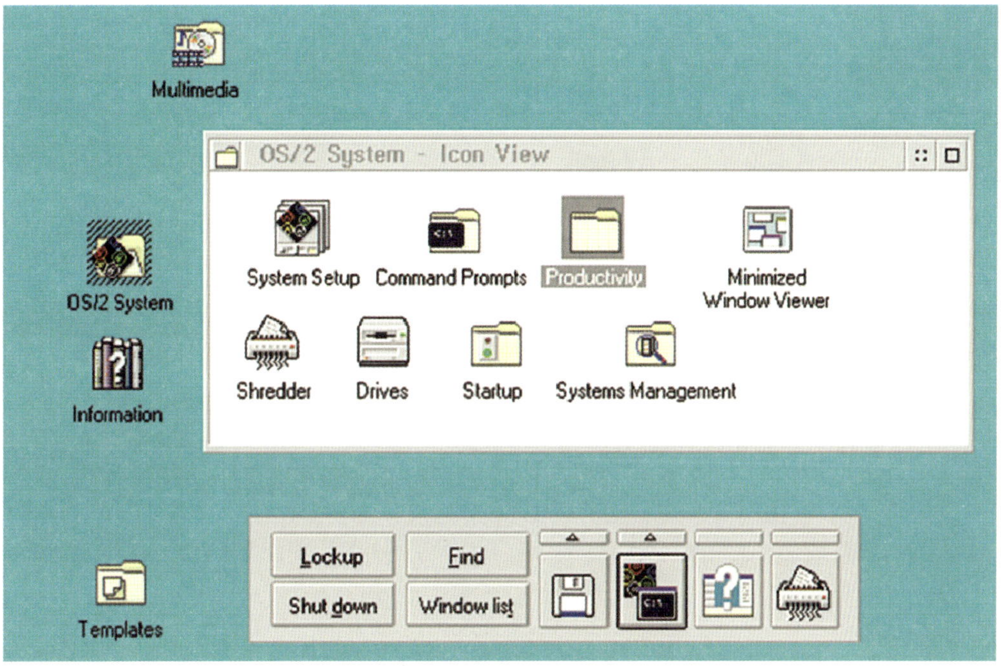

图 1-17　OS/2 界面

3.1990年的 Microsoft Windows 3.0

微软在1990年推出的 Windows 3.0操作系统取得了巨大的成功，奠定了微软在个人计算机操作系统领域的霸主地位。Windows 3.0改进了应用程序的功能，引入了虚拟内存技术，从而大大提升了应用程序的多任务处理能力。此外，个人电脑的图形处理能力也得到了增强（采用了VGA图形卡），使得 Windows 在用户界面的视觉呈现方面能够与苹果公司的Macintosh操作系统一较高下。（图1-18）

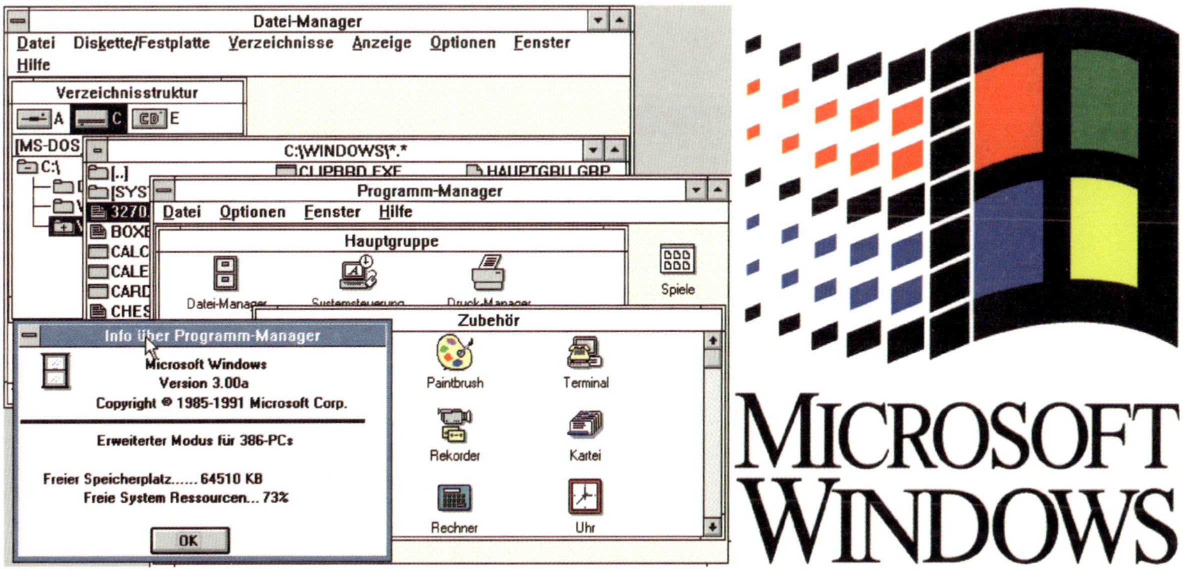

图 1-18　Microsoft Windows 3.0

4.Mac OSX

1984年，苹果Macintosh电脑首次安装了操作系统System 1，这也是那个时代第一个具备图形用户界面（GUI）的操作系统。与当时其他需要命令输入的系统（如微软的MS DOS）不同，Macintosh拥有引人入胜的视觉和交互GUI界面。System操作系统经历了7个版本的演进，在1997年更名为Mac OS 7.6。进入21世纪后，通过卓越的硬件技术，推出了历时最久、功能较为完善的Mac OSX系列操作系统（该产品的生命周期一直延续到2020年，被全新架构的Mac OS所取代，如图1–19）。

5.2007年的iOS

2007年，苹果公司推出了具有划时代创新的iPhone，为其手机配备了iOS操作系统（图1–20），这成为后来iPhone和iPad等智能终端的两大重要操作系统之一。

二、界面设计的发展历程

本部分主要围绕操作系统和应用软件界面设计的演变展开，界面设计经历了萌芽时代、拟物化时代、扁平化时代和多元化发展四个主要阶段。（图1–21）

（一）萌芽时代

1983年，苹果电脑公司推出了他们的第一台个人电脑Lisa。随后在1984年，苹果公司开始在他们的个人电脑上搭载System Software系统（即Mac系统的前身），直到7.5.1版本正式更名为Mac

图1–19　苹果计算机操作系统Mac OSX

图1–20　iOS界面

图1–21　界面设计主要经历了萌芽时代、拟物化时代、扁平化时代和多元化发展四个主要阶段

OS。至今，Mac OS已经发布了十一个版本。因此，苹果公司的“Lisa”产品可以被视为个人电脑“界面设计”的起点，其目标是有意识地进行针对特定用户群体（尤其是图形领域生产力方面）的用户体验设计。（图1-22）

1985年，微软公司推出了Windows 1.0操作系统，开启了IBM兼容电脑的图形用户界面设计时代（图1-23）。早期的界面设计受到软硬件技术的限制，基本上都是在系统程序默认的“外壳”上进行有限的美化。但是在操作体验方面已经进

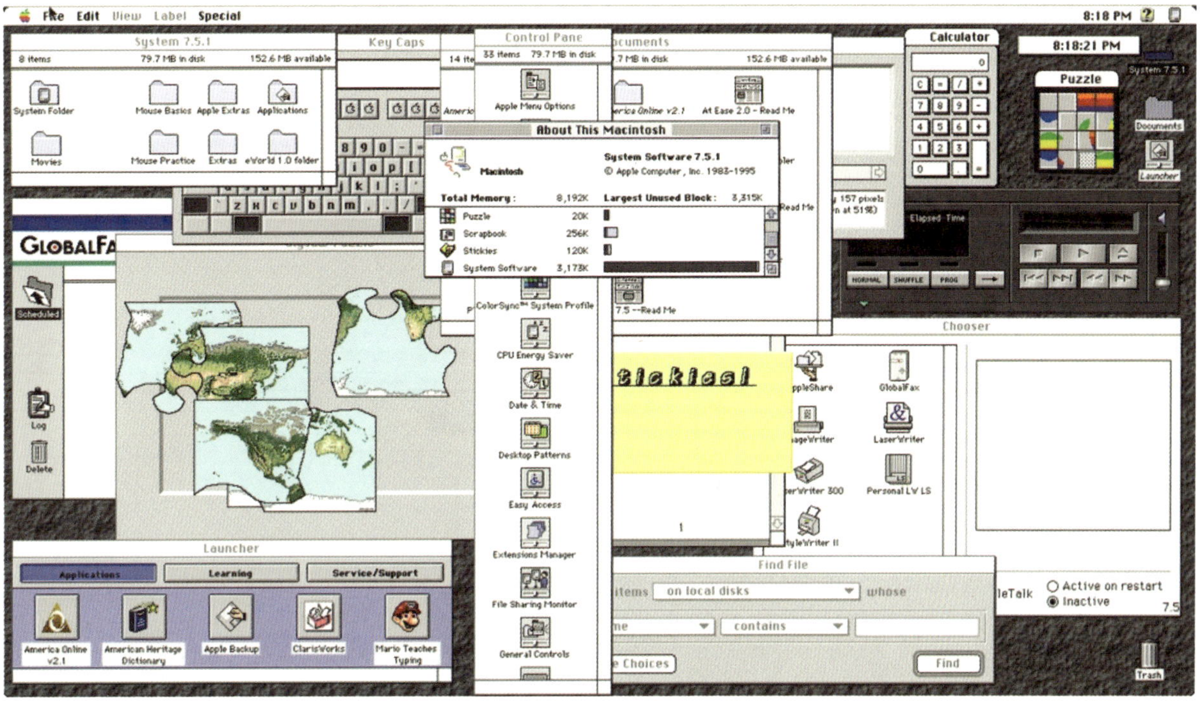

图 1-22　Mac OS 7.5.1 界面

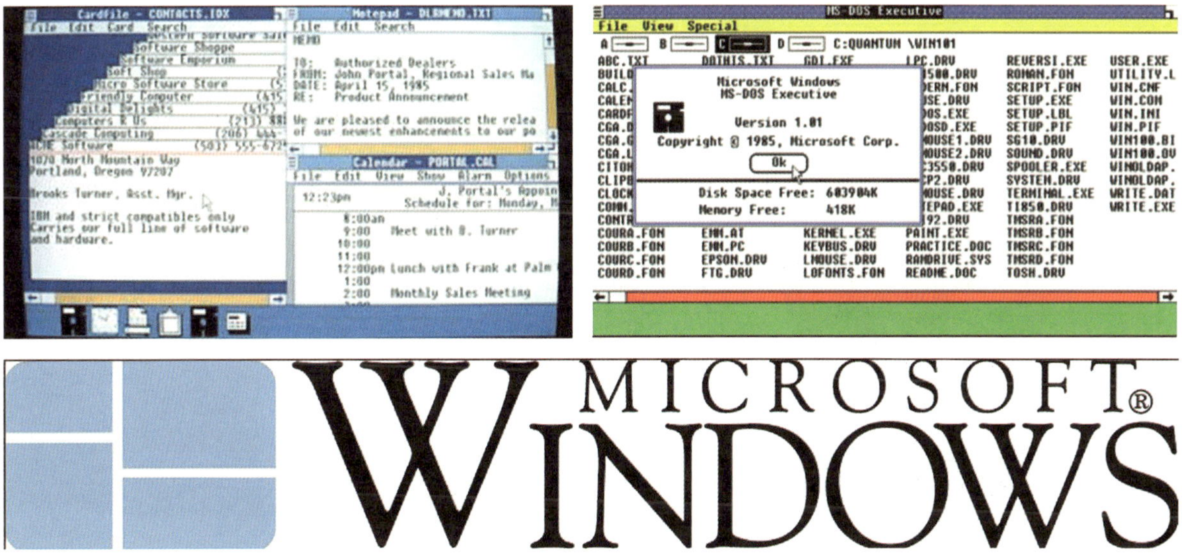

图 1-23　微软 Windows1.0 操作系统

行了一定的优化，例如苹果操作系统创造了文件夹拖放功能，微软则创造了视窗系统的“开始按钮”等。当时，苹果操作系统在界面设计方面进行了许多先行的探索，例如嵌入更多非系统默认字体和具备色彩的屏幕图像，成为今天界面设计的先驱。

由于20世纪80年代互联网的发展还不够成熟，界面设计主要是为桌面电脑系统和应用软件提供服务。受到技术和用户需求的限制，界面设计工作基本上是由电脑工程师顺带完成的，界面设计还没有形成独立的行业领域。

（二）拟物化时代

拟物化（Skeuomorphism），又称为写实主义（Realism），是一种图形设计风格，主要通过模拟现实物品的质感纹理、声音音效等（除了比例和形状）来营造软件界面的感觉。其目的是让用户在感知和操作界面时产生亲切感，并在视觉上降低学习使用产品的成本。

1990年，微软公司推出备受用户喜爱的Windows 3.0操作系统，它开创了计算机操作系统视觉效果的新发展。Windows 3.0采用了“浮雕”和“阴影”等设计元素，为操作系统界面带来更真实和生动的外观，可以说是拟物化设计的起源。这种视觉效果的引入不仅使操作系统更美观，更重要的是提供了更轻松直观的操作方式，提升了用户体验。Windows 3.0的成功推出为微软后来版本的操作系统设计提供了重要的经验和启发。（图1–24）

随着软硬件技术的发展，1995年微软发布了备受瞩目的Windows 95操作系统，其界面设计引入了更丰富的浮雕凹凸、阴影等效果，使界面元素的视觉设计效果和前后空间感更接近真实世界的物理状态。它极致地模拟了按下和释放操作时的物理效果。然而，在质感和材质方面并没有过多夸张，只是轻度运用了体积和光影效果。（图1–25）

在20世纪90年代信息技术快速发展的时期，

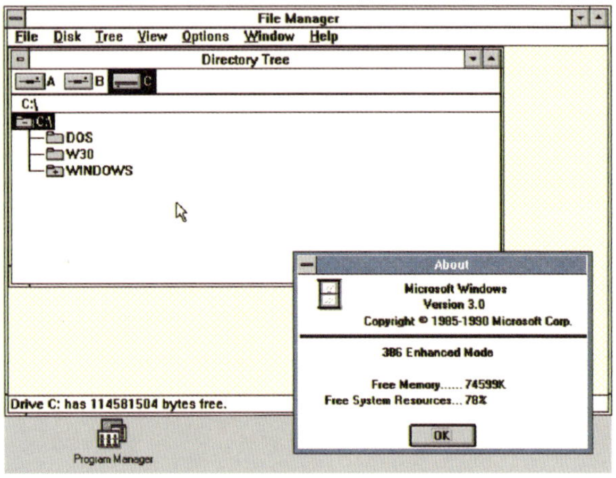

图1–24　Windows3.0

图1–25　Windows95界面

移动智能产品开始逐渐出现，但由于移动终端技术的限制，它们的界面主要依赖于显示屏幕和实体按键的混合应用形式（例如诺基亚、摩托罗拉、黑莓等手机），其他产品的界面设计也基本上保持这种状态。

然而，截至2000年，在界面设计方面苹果公司的产品并没有太多突出之处。直到2000年9月，苹果电脑操作系统Mac OSX诞生，推出了全新的用户界面Aqua，由柯戴尔·瑞茨拉夫（Cordell Ratzlaff）主持设计。自此，通过苹果的产品生态圈和市场影响力，拟物化设计在接下来的13年中引领了潮流。（图1-26）

（三）扁平化时代

时间来到了2013年，苹果公司在其最成功的移动终端iPhone手机上率先发布了一种颠覆用户视觉的界面设计——扁平化设计风格。这一设计由苹果公司首席设计师兼资深副总裁乔纳森·伊夫（Jonathan Ive）主持，一经发布就在设计界和科技界引起了强烈反响。扁平化设计摒弃了之前所有的拟物化设计元素，创造出全新的扁平化风格。（图1-27）

苹果公司的这一划时代设计对全球界面设计领域产生了前所未有的影响。之后的几年里，谷

图1-26　拟物化的界面设计风格

图1-27　拟物化和扁平化的对比

歌公司推出了材质设计风格（Material Design），微软采用了瓦片式设计风格（Metro Design），这些设计风格或多或少与iOS 7有关。扁平化设计使得界面设计进入了新的时代。一年后，苹果公司发布了又一款引起轰动的桌面操作系统OS X 10.10 Yosemite。苹果公司所有产品线的界面设计风格都逐渐转变为扁平化设计，进一步巩固了苹果在界面设计方面的全球领导地位。扁平化设计风潮的兴起极大地提升了移动互联网的性能和用户体验，智能产品的界面设计再次推动了移动互联网的飞跃。越来越多的应用软件、网页和智能产品制造企业纷纷效仿，彻底颠覆了以往的陈旧观念。（图1-28）

图1-28　OS X 10.10 Yosemite

（四）多元化发展

除了科技巨头公司的领先产品，近年来国内科技企业的发展迅猛，界面设计的需求和产量也大幅增加。例如华为的EMUI、VIVO的Funtouch OS、小米的MIUI、OPPO的ColorOS、魅族的Flyme、锤子的Smartisan OS等界面设计风格，在受到微软、谷歌和苹果三大行业巨头的影响下，呈现出多元化的发展态势。除了系统和应用软件领域，游戏界面设计领域也是一个庞大的领域，我们将在另一章节中对其进行详细讲述。（图1-29至图1-34）

图1-29　华为 EMUI

图 1-30 VIVO Funtouch OS

图 1-31 小米 MIUI

图 1-32 OPPO Color OS

图 1-33 魅族 Flyme

图 1-34 锤子 Smartisan OS

三、小结和练习

本章节介绍了图形用户界面和界面设计的发展历程，概述了界面设计发展中的关键事件和主要的界面设计风格。

在学习了本章内容之后，请回答以下问题：

1. 请举出 5 个采用扁平化界面设计风格的产品（可以是硬件或软件产品）。

2. 请举出 1 个结合了中国元素的界面设计风格的产品（可以是硬件或软件产品）。

第四节　界面设计案例介绍

本部分的内容，主要列举案例来说明交互设计、情感设计在界面设计当中的重要作用。

在人机交互过程中，用户界面是一个介于用户和产品之间的关键层面，也是屏幕产品不可或缺的组成部分。从心理学的角度来看，用户界面可分为感官和情感两个层面，包括视觉、触觉、听觉等方面。

用户界面设计是一个涉及多个学科领域的复杂工程，其中认知心理学、设计学、语言学等学科都扮演着重要的角色。

一、用户界面设计的三大原则

在用户界面设计中，有三个基本原则：

第一，用户控制原则：将界面放在用户的掌控之下，让用户能够方便地操作界面。

第二，减少记忆负担原则：设计简单明了、易于理解的界面，使用户不需要过多地记忆或学习如何使用界面。

第三，保持一致性原则：在整个界面中保持一致的设计风格和交互模式，使用户能够更轻松地使用界面。

二、交互式协作学习系统项目

图1-35展示了由瑞典UMEA设计学院的学生设计的一个名为“交互式协作学习系统”的产品案例。该系统旨在促进学校学生的集体学习，通过角色扮演和协同工作的群体游戏过程来帮助儿童学习新知识，并共同完成特定的学习任务。在这个概念中，计算机不仅支持个人独立操作，还允许最多三个用户同时联合操作。产品的设计强调了儿童在学习过程中的交流和协同工作能力。

该系统的人机界面采用六边形设计，屏幕为触摸式，还配备了一整套道具和附件，用作产品操作的工具。

当儿童使用这套产品进行学习时，所有参与者都扮演一个虚拟角色，去探索不同的主题世界。在游戏过程中，参与者围绕着一个被称为“伊莉”角色玩偶展开活动，计算机主系统则扮演着一个“时空传送者”的角色。成员们能够在全世界“旅行”，发现新的文明和社会形态。每个成员都可以通过多媒体信息，如明信片、图画、音乐和视频片段等，向计算机发送信息，并通过主系统和小组成员共享自己的劳动成果。小组成员们在各自的“旅行”中获得的知识包括从实物到虚拟信息的多层次文化知识，有效地培养了儿童的阅读、写作和计算能力。

在学习游戏开始时，每个小组成员都会得到一个名为“伊莉”的玩偶，玩偶身上的装备可以用来收集信息。在主系统的屏幕上，虚拟导航角色“伊莉”引导儿童进行游戏（与实物玩偶“伊莉”完全相同），为使用者提供适当的指引和信息说明，并反馈系统的最新数据。这种设计将实际物质角色延伸到计算机生成的虚拟角色上，通过两种不同介质的角色贯穿，实现了两种媒介无法完全实现的功

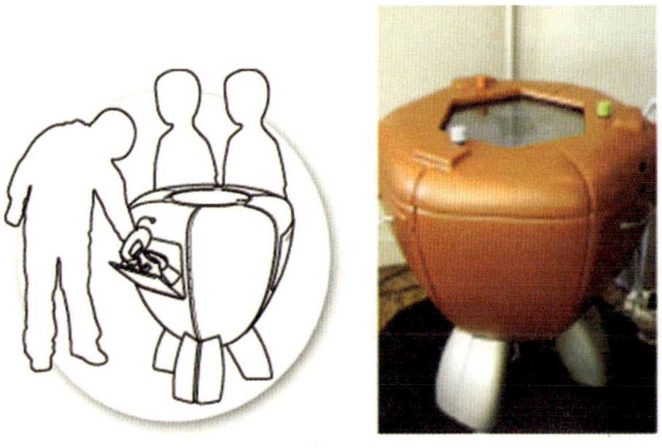

图 1-35

能，同时不会影响学生的思维连贯性。（图1-36）

每个“伊莉”玩偶的背部都有一个小背囊，用于记录收集到的信息。主系统的“时空传送者”桌面配备了一个可触摸的大屏幕，一套工具和一个用于放置玩偶的小贮藏室。“伊莉”角色充当了计算机信息和真实世界事件之间的桥梁。

软件系统界面专门设计用于团队协作工作。根据科学研究显示，团队协作比单独分散完成任务的效率更高，尤其是在处理复杂目标时。软件系统界面采用顶置桌面显示的形式，使学生们能够站立操作，这有利于用户在操作设备的同时进行面对面的交流和沟通（相比传统计算机系统，这种交流方式更加流畅和协调）。用户界面可以根据不同的团队组合或单独使用的需求及时更改状态。（图1-37）

系统提供了个人显示区域，使得独立完成任务成为可能，同时也方便进行协作，并共享工作成果。在主机的边缘有三个圆形控制键，通过语义造型引导儿童使用。人机界面采用六角形的组合显示，旨在最大限度地利用界面空间，并为最多三个用户提供充足的屏幕使用面积。（图1-38）

界面的形状和大小并非固定不变，它们会随着时间的推移和课程进度的变化而相应地改变。当解决单个任务时，进入独立的个人界面状态，界面明确划分为三个区域，并且配色和操纵杆色彩一一对应。当需要团队协作和共享信息时，界面之间的界限开始变得模糊，三个区域逐渐融为一体，形成一个完整的界面。

分析：该产品主要针对学龄儿童在学校进行有组织命题学习时使用的计算机产品。设计师充分把握了当前计算机软硬件的标准化设计，同时考虑到学龄儿童在学校学习时使用教学计算机的交互设计需求的差异化，找到了设计的突破口。从符合儿童学习、协作和交流行为方式的角度和观点出发，设计了这套计算机系统的交互使用方式，这是在电脑产品交互设计领域的一次突破。

该交互产品的主要优点包括：

第一，在界面使用上突破了个人电脑传统的交互控制模式，为儿童设计了全新的人机交互模式。

第二，通过计算机技术，使儿童能够在虚拟世界和现实世界之间无缝穿梭，完成学习任务。

第三，充分考虑了儿童的情感需求，采用了游戏化的形式进行创新学习，以提高学习效果和趣味性。

该设计存在以下疑点：

第一，崭新的人机交互界面对儿童操作的心理认知适应性尚待考察。

图1-36　“伊莉”玩偶的使用方法

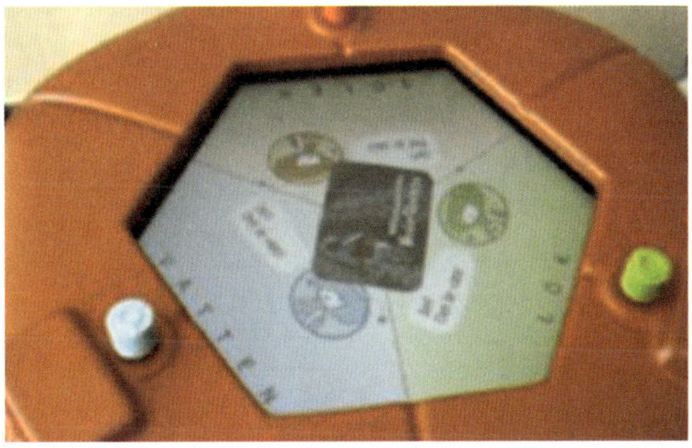

图1-37　六角形状的主机顶端

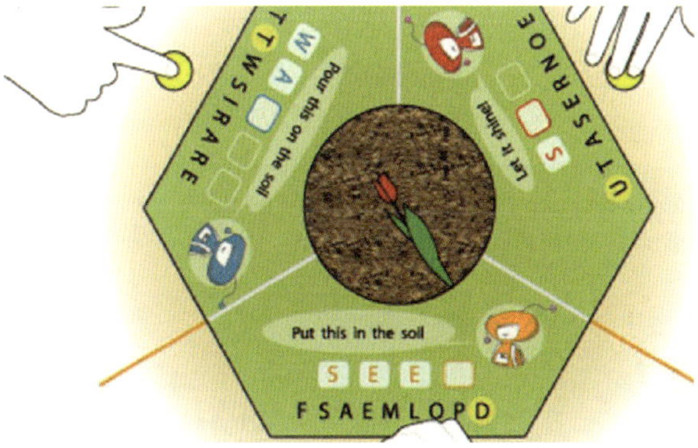

图1-38　六角形状的操作界面

第二，机器的技术成本问题。

第三，机器在实现任务方面的可扩展性问题。

三、兔子

这个产品拥有一个优雅的亚美尼亚名字——“兔子”（Nabaztag，图1-39），由长期居住在法国的美国设计师哈拉吉安设计。“兔子”可以被视为一种基本的无线通信产品，通过声音、光线和耳朵的运动方式向用户传递信息。（图1-40）

“兔子”通过Wi-Fi网络进行工作，作为终端产品，它具备以下功能：黄色指示灯可表示天气晴朗；带有图案的指示灯组合可表示股票价格的变化；当有来电时，通过预设设置，“兔子”的耳朵可以旋转和摆动；此外，通过手机短信，“兔子”可以发出震动并显示红色灯光，以让关心你的人知道你也在想念他们。尤其值得一提的是，这个似乎是额外的短信震动功能在市场上反响最好，成为产品的一个卖点。

图1-39　无线通信产品“兔子”

该产品已经推出了多个版本，包括儿童版本和成人版本。例如，儿童版本可以通过“兔子”作为媒介，使用手机短信来召唤孩子们吃饭和进行其他活动。而成人版本在公交车靠近用户居所时，会发送预先设定的信息提醒用户做好准备。

在硅谷举行的年度技术、娱乐和设计（TED）大会上，与会的设计师对该产品进行了评价，称其为家居饰品，将智能产品的使用巧妙地融入了我们的日常生活中，实现了人机自然交互。

分析：在现有技术的基础上，该产品通过一种自然情感交互的方式，找到了在日常信息传播中的产品价值和设计突破口。“兔子”产品已经在欧洲证明了其市场价值和能力，令人满意的销售业绩从一个方面反映出，当人们与冷冰冰的计算机信息技术打交道时，产品设计师应采用的技术应用方法和人机交互设计方式，将人机交互作为一种看得见、摸得着和听得到的日常多通道交互设计应用呈现给最终用户。

（一）主要的优点

产品技术内核建立于现有技术之上，成本和应用低廉可靠。

人机交互自然有趣，充分考虑了人的感情表达方式。

造型具有家庭亲和力，同时外观的可塑性较高。

图1-40　“兔子”的使用场景展示

经过市场检验，是交互产品市场应用的成功范例。

（二）该设计存在以下疑点

需要建立一定规模的Wi-Fi集群网络来支持产品的运作。

关于儿童版本的电磁污染问题，尚未有明确的数据解释。

地域文化差异对该产品的限制因素尚不明确。

四、情感表达灯

这个产品来自法国，主要功能包括：通过不同的灯光组合显示天气预报信息、股市行情、定制的交通道路状况、定制的电子邮件收取通知以及定制的互联网信息等。这些信息的提取和感应是通过Wi-Fi技术实现的，同时，该产品还可以在接收到定制的手机短信时进行显示。（图1-41）

“情感表达灯”既可以作为一个信息显示功能的工具，也可以成为家庭中的智能装饰品，将功能与情感有机地结合，为生活增添活力。

分析：通过简洁优雅的外观设计，巧妙地展现出具备功能性的灯光组合，在信息传递的同时以一种唯美的方式呈现出来。

（一）主要的优点

造型优雅简洁，灯光设计含蓄，充满浪漫气息。

信息的表达方式充满情感因素，能与使用者产生共鸣。

内嵌的计算机技术在产品使用中隐匿不露，不会给用户带来明显感知。

（二）该设计存在以下疑点

仅仅通过这九个灯光组合来传达如此多的信息意义，对用户的灯光含义记忆能力提出了挑战。

在该产品的设计中，情感的表达主要是单向的方式。

用户界面设计和用户体验设计很容易混淆。

用户体验设计师主要关注产品的整体构架和功能，致力于提升用户的使用感受。相较于关注视觉表现的界面设计师，用户体验设计师更注重通过深入的用户研究、任务测试和商业分析等方法，为产品提供科学的决策支持。界面设计在用户体验设计师的项目工作中通常起着重要的作用，但并不仅限于此。界面设计师能够帮助实现用户体验设计中包含多个环节和步骤的设计策略，旨在实现数字智能

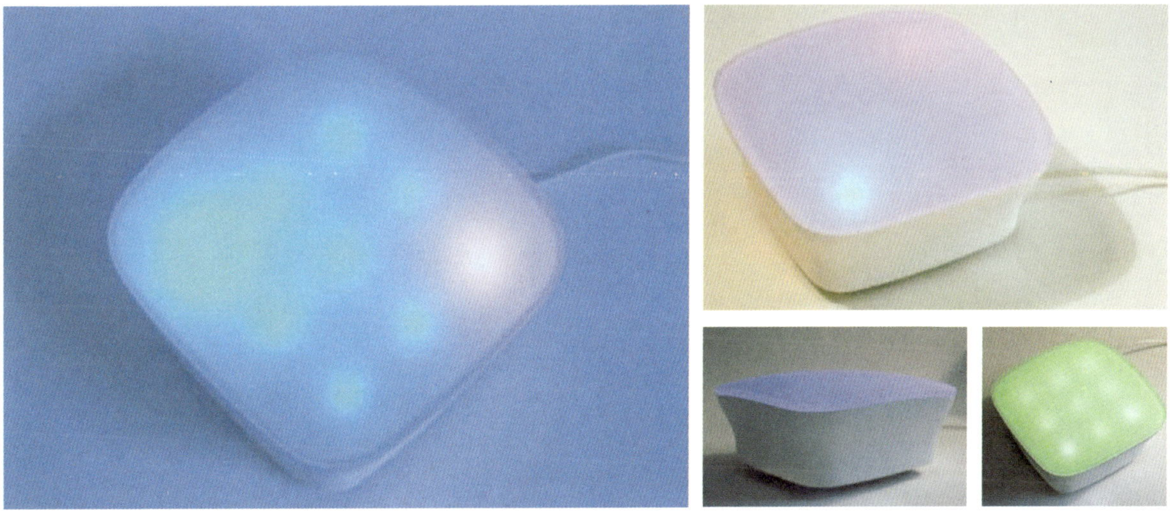

图1-41　情感表达灯产品

产品具有吸引力、便利性和易理解性等特点。界面设计师可以借鉴用户体验设计流程的理论指导来获得更准确的用户界面设计解决方案。然而，现今的用户界面不再局限于静态页面的展示，更注重动态交互和动效的表达。因此，界面设计师需要与动效和交互设计师紧密合作，以优化和提升用户体验设计师所提供的基本交互理念。

随着当今世界各领域的数字化进程加速，用户界面设计的角色变得越来越重要。在未来的几十年里，用户界面设计将不再局限于二维屏幕显示，而是朝着3D全息技术和虚拟现实（VR）、增强现实（AR）和混合现实（MR）的方向发展。无论是技术的发展、屏幕的多样化还是应用场景的变化，界面设计师将不断适应新的技术和使用场景，以提供更出色的用户界面设计，使用户能够更高效和舒适地使用数字产品。

五、小结和练习

在界面设计中，情感化设计渗透到设计的各个角落，这点也符合了界面设计和用户体验对以用户为中心进行设计的原则。在智能产品盛行的今天，情感化的设计元素尤其显得重要。

请同学们搜集身边三个充满情感化设计的界面设计案例，并以图文并茂的形式展示出来。

第五节　界面动效设计

本节将介绍动效的概念、动效设计的重要性、动效的运用场景、动效设计的分类以及常用的软件工具。

一、什么是界面动效设计

界面动效设计是一种有意识地为界面中各组成元素设计动态效果，并通过视觉上的空间关系和功能来提升用户体验的过程。界面动效设计可以帮助用户更好地理解交互操作，并提升其视觉上的体验度。在苹果公司的iOS 7移动操作系统的官方指南中，动效被描述为一种精细而恰当的动画效果，能够传达界面状态，增强用户对直接操纵界面的感知，并以视觉化的方式呈现交互操作的结果。（图1–42）

二、动效设计的重要性

为什么当今的界面越来越重视和突出动效？除了终端设备在显卡、内存、网速、处理器等硬件技术方面的快速发展，能够充分支持高实现度的用户界面动效之外，还有以下几点针对用户需求的原因：

第一，提升用户的视觉体验的流畅性和连贯性。通过用户界面动效，可以帮助用户更有效地理解界面和界面之间的逻辑关系，缩短学习时间。动效能够在视觉上清晰地传达用户界面中各元素的起源和去向。

第二，在最适当的时机提供有效的引导。这是显著提升用户体验的重要手段。

第三，充分利用有限的界面空间。动效可以隐藏用户暂时不需要的信息，并在需要时呈现出来，灵活地利用和扩展屏幕的空间和内容。

第四，为机械的界面形态注入丰富有趣的活力。动效可以大幅增添表现手段，甚至将语义化、文化化和情绪化的元素融入界面设计中。

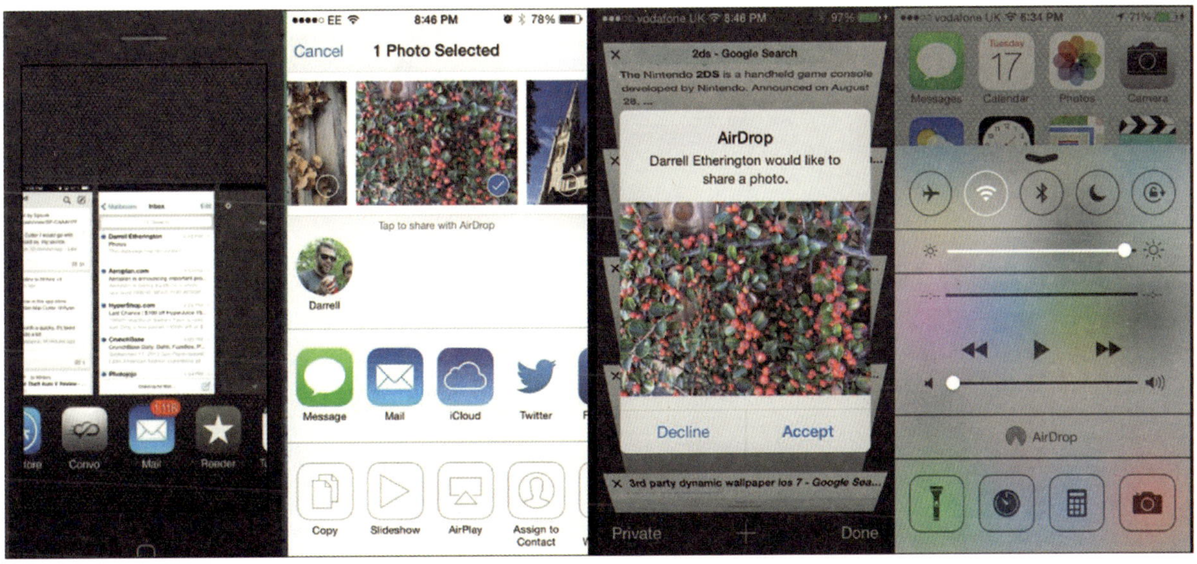

图 1–42　iOS 7 移动端操作系统动效

三、动效设计的运用场景

在界面动效设计项目中，并不是简单地制造各种炫技的特效就算是好的动效设计作品。动效的运用需要根据不同的场景进行分类，并适当结合功能化的要求。因此，在运用动效时需要准确把握使用的程度，并首先考虑用户的需求、思维习惯和使用场景，以确定动效在界面中的适用方式。同时，需要强调的是，在整体界面设计的功能框架下进行动效的设计。（图1–43）

运用界面动效的场景包括：

第一，开机启动画面。为了最大程度地强化数字产品的品牌形象，在启动页面上通常会使用短小而简洁的图形动效动画。这种动画形式被称为MG动画，通过对Logo、角色等图形进行简单变形，旨在突出产品的品牌形象。（图1–44）

第二，浮窗动画。在重大节日或特别场合，常会在当前操作界面上方弹出浮窗。为了吸引用户的注意，同时突出和强调惊喜因素，需要进行创意而有互动性的浮窗动效设计，从色彩、信息到动效，都能够吸引用户的眼球。（图1–45）

第三，界面与界面间的跳转切换动画。通过跳转切换动画，帮助用户理解界面之间的转换过程和结果，使用户能够清楚地知道自己当前所处的位置。（图1–46）

第四，扩展界面功能数量。对于移动终端界面而言，屏幕空间十分有限。然而，通过动效的加持，可以使界面功能的折叠层次更加丰富多样，从而扩展同一屏幕面积下的界面功能数量。（图1–47）

第五，运行状态的生动展示。当出现需要用户耗时等待的运算过程时，通过动效形式可以向用户展示机器的运行状态和系统是否正常等信息，同时利用动效尽可能减轻用户的焦虑情绪。（图1–48）

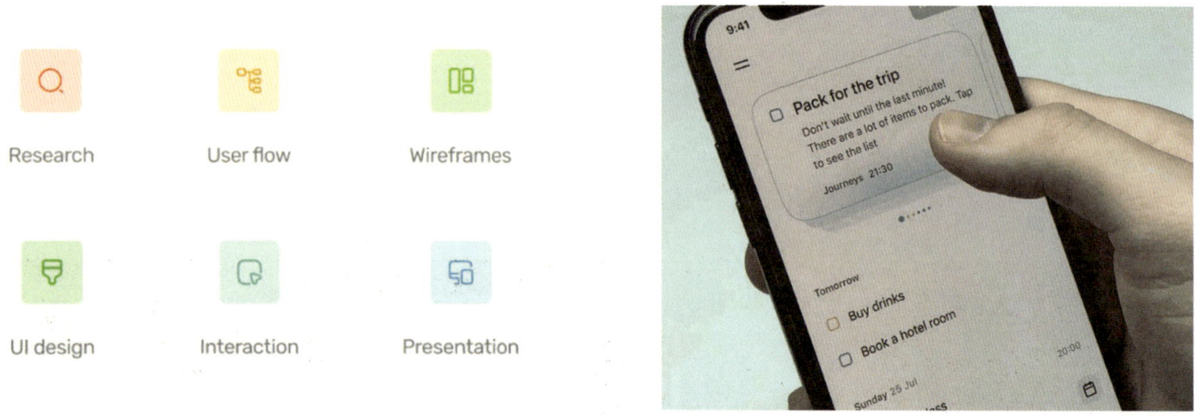

图1–43　动效设计的运用场景

图1–44　开机启动画面

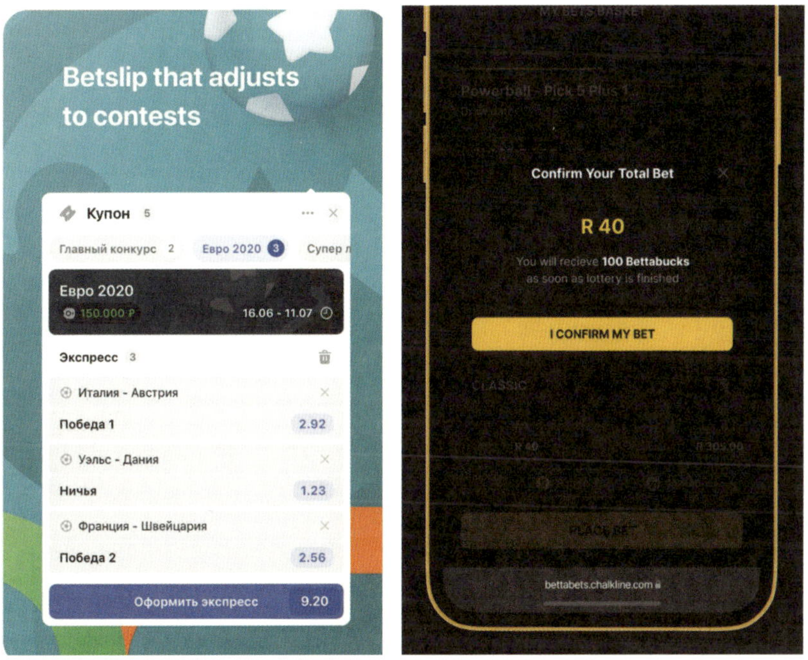

图 1-45　浮窗动画

图 1-46　界面跳转切换动画

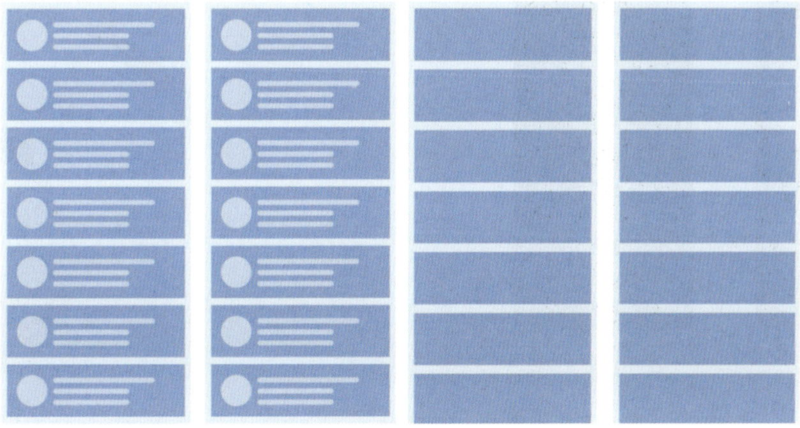

图 1-47　扩展界面功能数量

图 1-48　运行状态的动效

第六，动效对品牌形象的强调作用。在界面设计中，通过将功能按钮与品牌形象的造型相结合，并运用生动的动效作为视觉表现形式，能够更好地宣传品牌形象。这样的设计使得品牌形象在用户持续操作中潜移默化地深入用户的脑海，从而达到推广的目的。（图 1-49）

四、动效设计的分类

界面的动态效果多种多样，对初学者来说可能感到无从下手。在这里，我将总结界面动效的基本种类，主要包括以下四类：转场类、展示类、引导类和反馈类。

第一，转场类动效主要用于界面中不同层级之间的跳转或界面之间的切换过程。除了设计入场和出场的动效外，通常还会运用缩放、透明度变化、旋转等帧动画效果，以加强用户对界面信息变化和层级逻辑关系的理解。同时，这些动效也使界面变得生动活泼，有效避免了界面切换时用户可能遇到的理解困难和信息阅读中断问题。（图 1-50）

第二，展示类动效通常用于突出数字产品的核心功能和品牌形象，通过一定的动效规律展示界面信息。其目的是引导用户的视觉流向，帮助用户更好地认识和理解动效所展示的产品或品牌。常见的形式包括企业或产品的官方网站首页、移动应用的主页或数字游戏的启动画面等。（图 1-51）

第三，引导类动效通过界面内组件的位移、形变、发光和叠加等动态变化来强调和引导用户进行特定操作，同时避免用户的困惑和疑问。其核心目的是吸引用户的注意力，降低其他元素对用户视觉的干扰。（图 1-52）

第四，反馈类动效是界面交互中最常见的应用方式，广泛用于用户操作产品的过程中。例如悬停、点击、拖拽等操作，可以通过视觉、触觉和

图 1-49　动效对品牌形象的强调作用

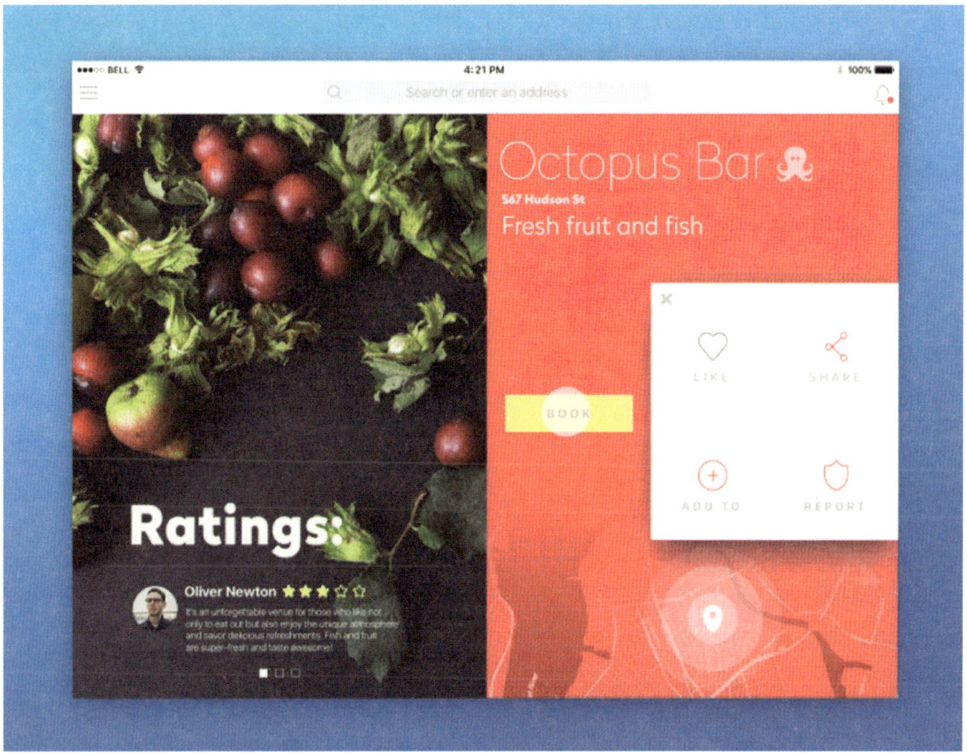

图 1-50　转场类动效

图 1-51　展示类动效

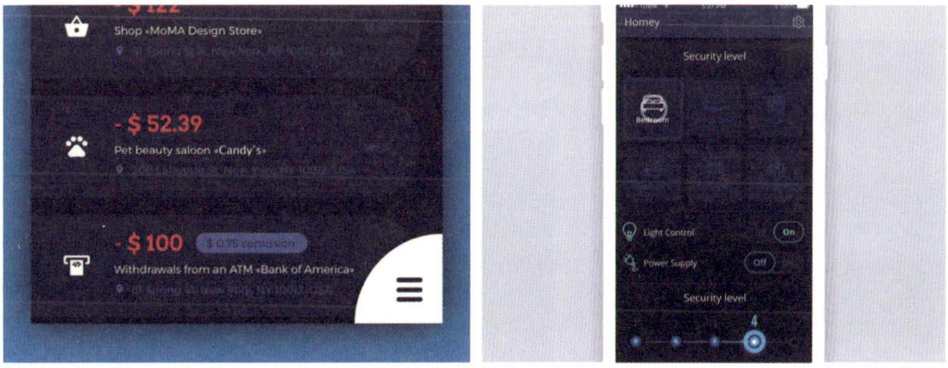

图 1-52　引导类动效

听觉的综合效果来表现。动效的主要目的是向用户传达产品界面系统正在有效响应用户操作的信息，以动效作为反馈信号，满足用户的心理期待。（图1–53）

五、常用的动效设计软件

作为动效设计师，熟练掌握界面动效设计的制作工具无疑能够增强创意的实现和成品的交付。目前，大部分界面动效设计制作工具主要集中在Mac系统平台上，少部分则适用于Windows系统平台。在学习过程中，建议同学们多了解行业软件的流行使用趋势，以便更好地适应未来的岗位工作流程。

（一）创意型动效工具

1.Adobe After Effects

Adobe After Effects是Adobe公司推出的著名产品，可在Mac和Windows平台上使用。它具有广泛的行业通用性和强大的兼容性，适用于特效、动画和界面动效等多个领域。对于界面设计师来说，使用Adobe After Effects进行UI动效的设计和制作只需要使用其功能的一小部分。结合Adobe公司其他软件，如Photoshop和Illustrator等，可以更灵活地实现创意想法。许多在Dribble和Behance等平台上展示的界面动效项目和作品都是使用该软件制作的。但需要注意的是，有时候令人惊艳的效果可能无法通过程序实现，因此设计师需要与开发人员充分沟通，避免无法最终实现效果的问题。（图1–54）

2.Adobe Photoshop

Adobe Photoshop是经典的图像处理和绘图软件，同样适用于Mac和Windows平台。尽管它主要用于静态图像的处理和绘制工作，但同学们不应忽视其制作界面动效的功能——Gif动画设计制作。尽管动画效果有限，但对于初步的设计方案演示已经足够。在PPT展示或与开发人员的沟通协作过程中，通过制作基本的动态效果，可以以最低的时间成本实现直观生动的呈现，避免产生误解。

（二）交互型动效工具

1.Origami Studio

Origami Studio是由Facebook团队创建的免费UI动画工具，仅适用于Mac平台。界面设计师可以通过在软件中的UI组件库中直接拖放不同的组件来快速创建交互动画。该软件具有较强的逻辑性和广泛的适用性，需要用户以开发人员的思维逻辑进行动效的设计和制作。上手该软件可能稍有难度，需要一定的学习成本才能产出较为专业的动效。（图1–55）

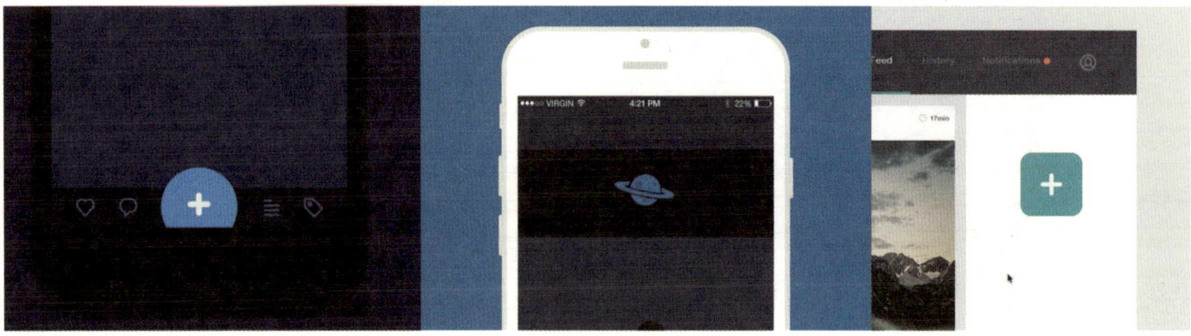

图1–53　反馈类动效

图 1−54　Adobe After Effects

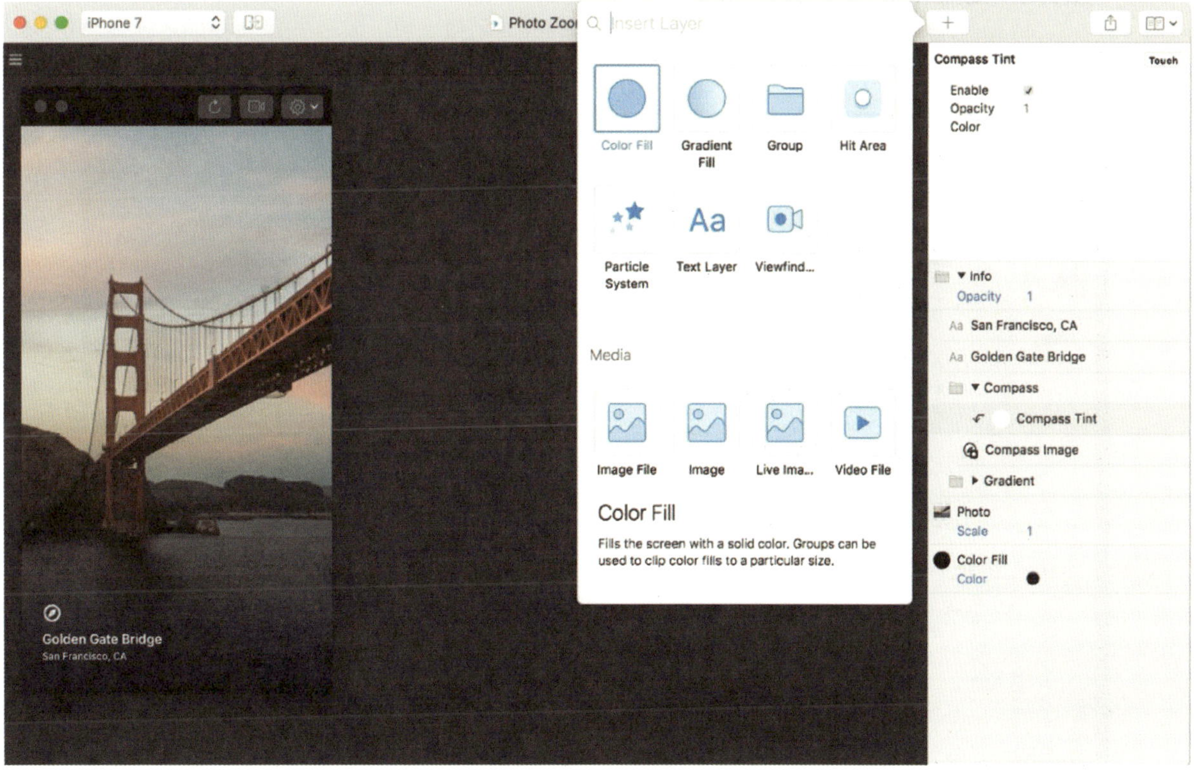

图 1−55　Origami Studio

2.Hype 4

Hype 4被称为一款无需编码即可实现界面动效的神器，仅支持Mac系统。该软件类似于Adobe After Effects，使用时间轴制作界面动画，并曾一度非常流行。可以直接在PC、手机和平板设备上进行访问，也可以导出视频或Gif。对于国内的界面动效设计师而言，该软件的原生中文支持非常重要，并且与Sketch软件结合使用可以产出出色的动效作品。（图1-56，图1-57）

图1-56　Hype 4图标

3.Flinto

Flinto仅支持Mac平台，其界面类似于Sketch，使得习惯使用Sketch的设计师可以无门槛地学习和使用。该软件能够快速实现各种滚动、转场、点击反馈等动效效果。在移动设备和电脑上的预览都非常流畅。（图1-58）

4.Principle

Principle使得设计动效和交互式用户界面变得更加容易。无论是设计多屏应用程序的整个流程还是创新的交互和动画效果，Principle都可以帮助界面设计师创建令人惊艳的外观和感觉的交互动效作品。（图1-59）

六、小结和练习

本部分的内容旨在让同学们深入了解界面设计师的工作职责和工作过程，并介绍了目前几款主流的界面动效工具。其目的是希望同学们能够迅速融

图1-57　Hype 4界面

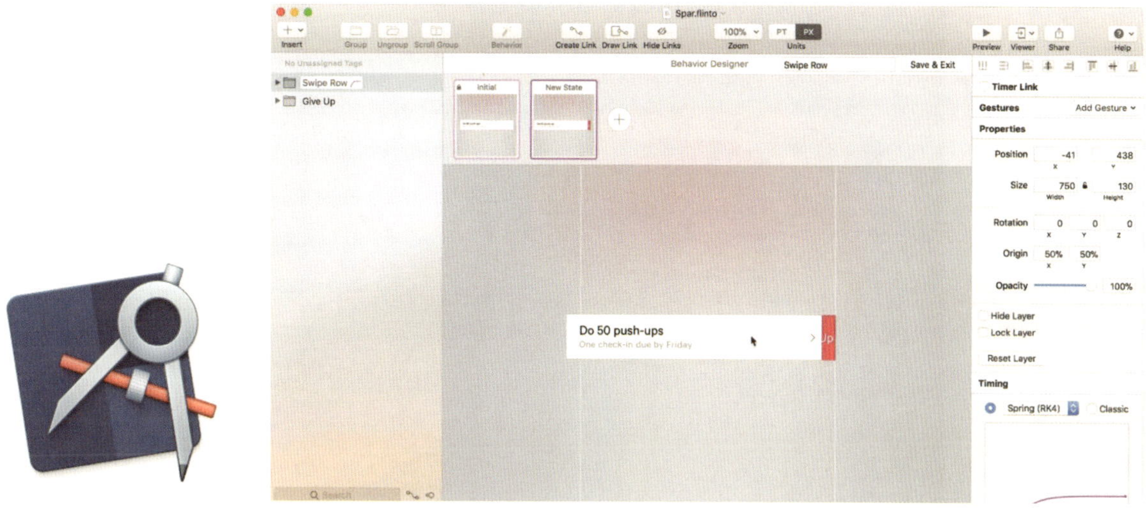

图 1-58　Flinto

图 1-59　Principle

入界面设计的工作状态中，扩展自己的视野，找到在界面设计工作中感兴趣的领域，培养自己的专业能力，以胜任未来的工作。

请同学们完成一个小练习：使用Adobe After Effects软件，完成一个手机启动页面到首页的转场动效，并输出为1080P、H.264格式的MP4文件。

第二章　界面设计构成要素

第二章　界面设计构成要素

本章概述

本章首先介绍了界面设计中必备的要素，包括用户行为研究、市场调研和竞品分析，以帮助学生理解界面设计工作中涵盖的三个重要内容，其次详细介绍了界面设计中的信息架构和高保真原型，包括信息架构的组成和结构，以及制作高保真原型所使用的主要软件工具，以便学生掌握界面设计中信息结构的组织方式和对设计创意的高效表达方法，最后对界面设计中的屏幕尺寸进行了详细介绍，包括移动端产品以两大操作系统为代表的屏幕尺寸数据，为学生提供在设计过程中参考的参数。

学习目标

本章的学习目标是使学生了解界面设计任务的前期工作，学习界面设计中最快捷有效的视觉表现和互动表达方法，并快速建立起对屏幕尺寸参数数据在界面设计工作中的应用意识，以构建学生界面设计工作过程的标准化。

与传统媒介设计相比，界面设计更加多样化。除了文字和图像，界面设计还包括丰富的声音、视频和动画等互动元素。这些元素的引入不仅增加了设计作品的界面视觉和触觉反馈，也为界面设计师在虚拟和仿真元素上的应用提供了可能性。界面设计的前期工作主要包括用户行为研究、市场调研和竞品分析等。在视觉方面，界面设计涉及文字设计构成、图像设计构成、多媒体元素构成等；在界面设计规范方面，界面设计师需要考虑一些特定于界面设计的内容，如界面尺寸、用户视觉浏览顺序、界面功能布局安排、界面布局原则等。

第一节　界面设计必须具备的要素

本节内容主要涵盖用户行为研究、市场调研和竞品分析三个要素。

一、用户行为研究

用户行为研究是通过问卷、网站或应用软件等平台收集用户数据，并对这些数据进行统计和分析，以发现用户在使用互联网产品和界面操作方面的行为规律。将这些规律与设计策略相结合，可以发现当前产品可能存在的问题，并为进一步修正或重新制定设计策略提供依据。在界面设计领域，用户行为研究是狭义上的定义。（图2-1）

（一）目的

在互联网领域，用户研究是一项至关重要的工作。它主要应用于两个方面。首先，在新产品的开

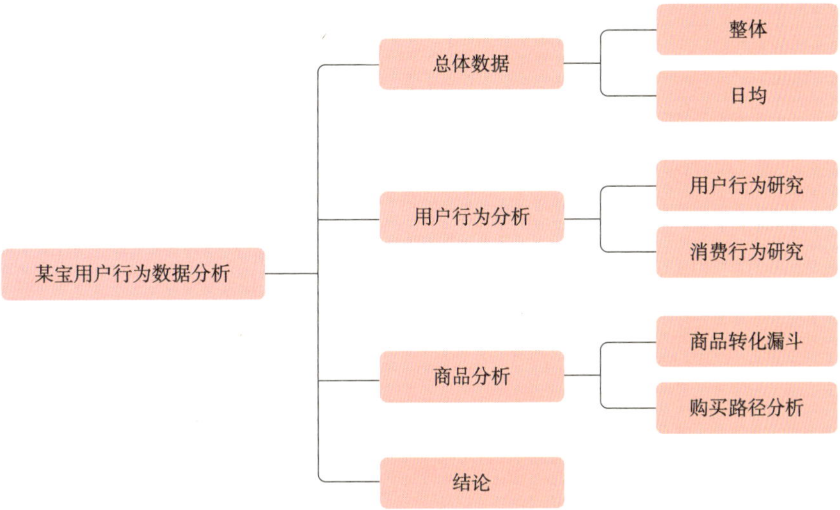

图 2-1　用户行为数据分析案例举例

发过程中，用户研究能够明确用户的需求，指导设计师选择适合的产品设计方向。其次，在已发布的产品中，用户研究能够发现潜在的问题，协助界面设计师优化用户体验。因此，用户行为研究和界面设计工作密不可分。

（二）方法

用户研究涉及广泛领域，可以使用多种方法来了解用户的需求和行为。一般来说，我们可以从两个维度来区分这些方法。

一个维度是定性和定量。定性研究注重用户行为背后的原因，通常通过开放式的用户访谈等方法来了解用户需求和反馈。定量研究则通过数据分析来证明用户的选择和行为。例如，问卷调查是一种常见的定量研究方法，可以使用统计学方法对数据进行分析。

另一个维度是态度和行为。态度研究通常通过用户访谈等方法来了解用户的看法、感受和意见，而行为研究则通过观察用户在现实生活中的行为来了解用户的需求和行为。例如，现场观察可以让研究者观察用户在使用交互产品时的行为，从而更好地了解用户的需求和体验。

（三）结果分析

在对用户行为进行研究后，我们需要对采集到的调研数据进行分析，以获得有关用户行为和需求的重要信息。其中包括交叉分析法，它是一种常见的数据分析方法，通过将不同变量进行组合来发现变量之间的关系。例如，通过将用户年龄和使用习惯进行组合，可以发现不同年龄段用户在使用交互产品时存在的差异，并为界面设计提供有针对性的策略建议。除了交叉分析法，还有许多其他的数据分析方法，如聚类分析、因子分析和回归分析等。

二、市场调研

市场调研是一种将市场、消费者和设计部门联系起来的专业活动，通过该活动产生的数据可以发现界面设计的机会，改进和评估设计活动，评估设计绩效等，是界面设计工作过程中的重要一环。

（一）目的

界面设计师的工作在一定程度上是了解用户以及他们的需求，从而规划和设计界面以帮助实现用户的目标。在设计中，我们追求让用户感到愉悦和友好的操作界面，使他们能够顺利完成自己想做的事情。设计研究可以让我们通过了解用户需求和目标来探究问题的根源和解决问题的关键。通过调研，我们可以了解问题背后的原因，对问题有更深入的理解，从而在设计决策时提供依据。

（二）方法

在实际工作中，并不需要对所有的设计阶段都进行调研，而是会选择关键和重点的设计阶段，并根据具体情况选择合适的方法。

1. 数据收集

可以采用观察法、个别访谈法、焦点小组讨论、问卷调查、头脑风暴、自述法、实地试验等方法进行数据收集。

2. 调研分析

可以使用数量对比分析、鱼骨图、卡片分析法、情景分析法、人物角色法、故事板、可用性测试、A/B测试、用户点击行为分析、流量转化和跳出率、网站数据分析等方法进行调研分析。

3. 流程

（1）确定调研目标和方法。

（2）制定调研计划。

（3）开始调研工作。

（4）整理和分析数据。

（5）提出解决方案。

三、竞品分析

移动互联网应用软件行业可以说是当今IT领域最具竞争力的行业之一。截至2022年，在Google Play商店中有大约200万个应用程序可供用户下载，在苹果公司中国区的App Store中有130多万个应用程序可供下载。在如此庞大的应用数量中，要让某款软件能够被用户注意到，绝非易事。为了使所设计的软件和产品具备强大的竞争力，其中最有效的方法之一就是进行同类型竞争产品分析（简称竞品分析），以了解竞争对手的状况、优缺点以及为什么用户喜欢选择它们等。

（一）竞品分析应在产品生命周期的各个阶段进行

1. 应用程序构思阶段

在这个阶段，我们需要确定当前创意想法是否还有市场。如果有的话，该市场的特点是什么。

2. 定期评估阶段

通过定期的回顾和评估，保持软件处于最新状态。

3. 优化迭代阶段

在对应用程序或功能模块进行任何重大修改之前，需要了解当前竞争对手和市场的最新情况，以清楚了解产品在市场地位中是否有变化。

（二）进行竞品分析的目的

1. 识别竞争对手

建立起识别竞争对手的意识是进行高质量竞品分析的第一步。可以使用多种方法来识别竞争对手，但重点是识别那些吸引大量用户的竞争对手。

2. 研究关键字

通过构建和研究关键字来寻找竞争对手。设计师需要建立一个关键字列表，描述产品的主要功能和使用场景，并包括核心关键词和衍生关键词。然后，根据竞争对手列表，可以将其细分为直接竞争对手或间接竞争对手。

3.收集用户反馈

口碑是最好的营销方式，设计师应敏锐地收集用户的反馈，并进行统计和分析，无论是正面还是负面的反馈都是产品迭代升级的重要参考。

4.建立竞争分析矩阵

竞争分析矩阵将设计部门收集到的信息组织成有用且可用的数据模型。设计师可以跟踪矩阵中的变量和参数，从多个维度进行比较和利用，作为设计项目的数据支持。

5.了解目标受众

目标受众是产品设计时的针对对象，通过市场调研和用户研究进行精细定位。目标受众也是在分析矩阵时需要考虑的重要因素。通过这一点，可以了解产品受众对产品的态度（肯定还是否定），并了解从不同受众那里获得新需求的机会。

6.关键用户体验

通过对竞争对手的应用程序进行大量测试，完善和优化评估，收集评估数据，并构建用户体验矩阵模型。测试的量越大，获得的竞品数据就越准确和全面。

（三）使用矩阵

利用矩阵数据的最终目标是创建具有较强竞争优势的产品，竞争分析矩阵可以帮助实现这一目标。使用矩阵数据的工作包括：

1.完成分析

进行竞争分析是改善应用程序界面设计的关键。它让设计师深入了解最佳商业盈利策略，与特定受众进行交流，并使自己的产品在众多竞争对手中脱颖而出。

2.执行设计

总结矩阵的结果，确定所设计的界面产品在市场上的地位。设定目标，制定行动计划，进行设计执行。

四、小结和练习

本部分的内容介绍了用户行为研究、市场调研和竞品分析的概念和实施方法，以及它们在产品界面设计中的作用。

通过本章的学习，请回答以下问题：

界面设计与其他领域的用户行为研究、市场调研和竞品分析相比，有哪些相同之处和不同之处？

第二节　界面设计信息架构和高保真原型

本节内容介绍了界面设计信息架构的设计核心目的，即为数字界面产品的用户提供更好的用户体验，并提高用户的留存率。高保真原型则是实现这一目标的方法和有效的沟通手段。

一、信息架构的重要性

优秀的信息架构需要符合以下两个标准：

第一，用户在打开界面的第一秒钟就能明确产品的功能和使用方法。

第二，用户能够快速找到所需功能或信息。

二、高保真和低保真原型

高保真原型：通过使用接近实际输出产品程度的数字交互模型来制作，包含最终产品的细节、真实的交互和完整的界面设计。

低保真原型：利用简单的工具如剪贴拼装、简笔勾画等制作的产品交互草图或概略框架，通常用于内部讨论和评估，成本和时间较低。

鉴于高保真原型的制作在时间和成本方面相对较高，因此在设计项目的初始阶段，通常以制作低保真原型为主。尽管低保真原型被称为低保真，但并不意味着产品原型的所有部分都是简陋粗糙的，核心关键部分仍需要制作成高保真原型。（图2-2）

三、信息架构的设计过程

信息架构（Information Architecture，简称IA）是一门科学，用于组织和构建网络、网站、APP以及社交媒体内容。美国建筑师/平面设计师理查德·索尔·乌尔曼被公认为信息架构设计领域的创始人。信息架构的目标是按照可视化规则整理和展示产品内容，以帮助用户准确理解产品的功能和内容，并为用户的理解和接受提供便利。（图2-3）

信息架构设计旨在让用户理解产品的功能结构和内容流程，以顺利达成使用目标并提高用户接受度。设计过程包括以下要点：

第一，了解用户、场景和习惯。

第二，熟悉所设计产品的功能和业务。

第三，对竞品的信息架构进行了解。

第四，使用卡片分类法对收集的信息进行分类。

第五，输出信息架构成果。

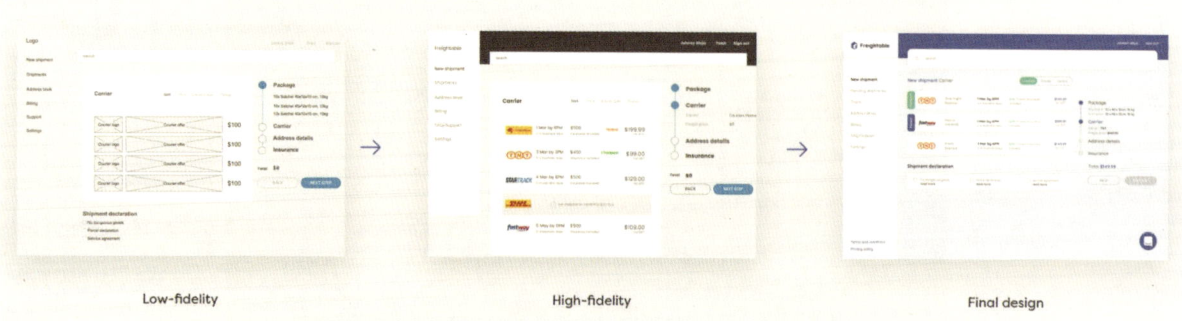

图 2-2　低保真原型、高保真原型和最终设计输出

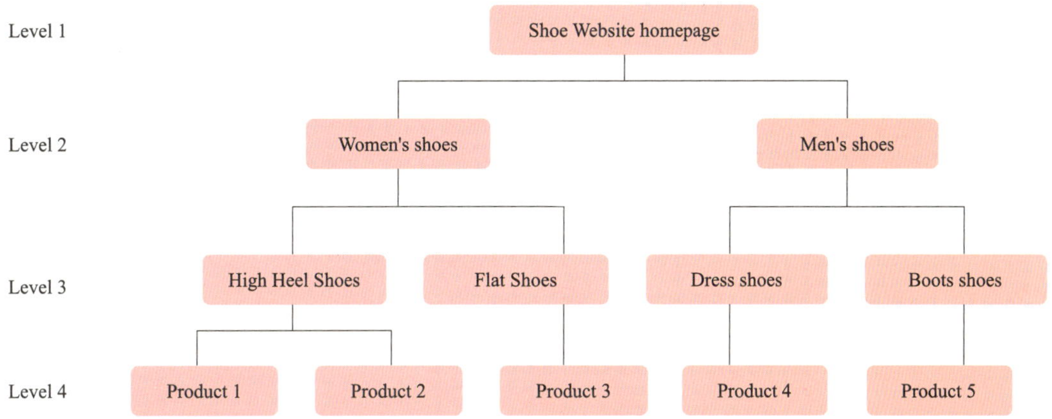

图 2-3　信息架构图

四、高保真原型的设计过程

在企业中，界面设计师、交互设计师和产品经理共同协作制作高保真原型图。设计过程一般分为三个主要步骤：首先，产品经理输出低保真原型图（即草图），与交互设计师共同讨论产品布局和页面跳转，形成灰度低保真原型图；然后，将低保真原型图交给界面设计师，界面设计师与产品经理和交互设计师协作，再次讨论产品的美术样式，包括色调、图标和尺寸等；最终，完成高保真原型图。

在设计部门中，上述提及的三个角色共同协作，完成高保真原型图的制作。此时，开发人员尚未参与，因此不受技术因素的影响，可以从用户体验出发，设计出最符合用户体验的产品。然而，在中国的大多数互联网产品公司中，通常没有专门设立交互设计师这一职位，为了节约成本，产品经理通常兼任此角色。

五、使用高保真原型的好处

第一，让开发人员更直观地理解产品，减少与产品经理确定需求的时间成本。

第二，方便测试人员进行测试，并提供测试结果的依据。

第三，让管理层提前了解最终产品的形态，减少错误决策。

第四，运营和销售等部门清楚了解最终产品，为产品的推出做好准备工作。

六、高保真原型的设计工具

在行业领域中，主要使用Axure、Adobe XD、Figma（或国内开发的墨刀等在线网站）等原型设计工具来制作高保真原型（图2-4）。同时，视觉设计师使用PS或Sketch等软件进行界面设计图的制作，然后将其交给研发人员。研发人员主要参考原型图进行开发，并根据界面设计图调整样式。

除了研发人员（尤其是前端工程师）之外，其他角色如总经理、运营和销售人员通常将界面设计图视为高保真原型图。只有在需要了解产品的具体细节时，才会查看由Axure输出的产品原型图。（图2-5）

图 2-4　Axure、Adobe XD 和 Figma 软件

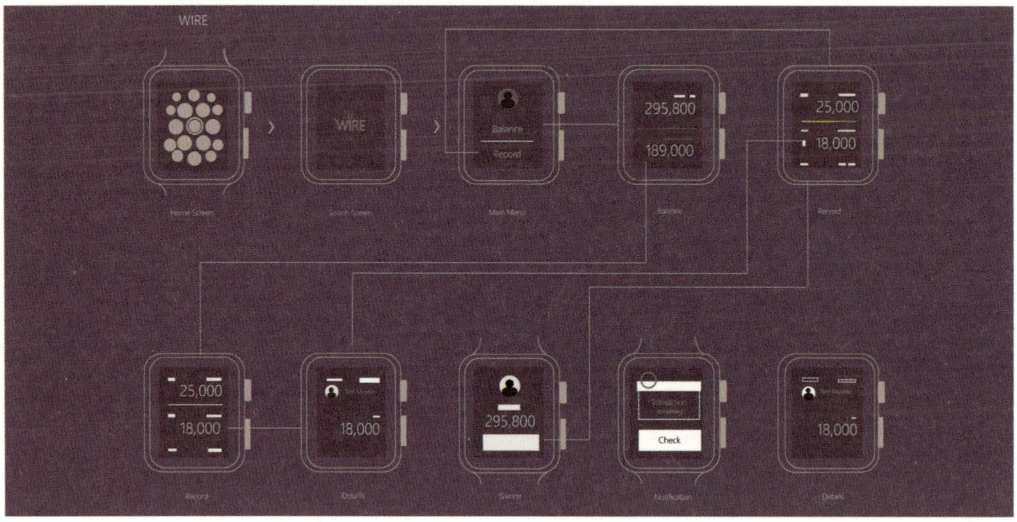

图 2-5　高保真原型

七、小结和练习

本节内容介绍了界面设计信息架构和高保真原型的概念及其使用原因。

请同学们通过网络搜索，列举出五个在线高保真模型设计制作网站，并初步体验一下。

第三节 界面设计的屏幕尺寸

本部分详细介绍了苹果移动端iOS端和安卓移动端的屏幕尺寸、分辨率以及界面设计的基本组成元素。同时，还介绍了屏幕设计中的一些小知识。通过这些内容，系统地介绍了屏幕设计方面的基本参数和设计规律。

大部分界面设计初学者常常面临着眼花缭乱的界面尺寸要求和屏幕分辨率的困惑，不知道从何开始。设计师经常遇到的问题之一就是关于屏幕尺寸的疑惑：设计软件界面的工作区大小应该是多少？适合界面文字的字号是多少？需要创建多少套界面设计方案来适应不同分辨率的屏幕要求？所有这些问题都让设计师们感到非常困惑。

因此，我们首先从移动终端作为切入点，开始了解与屏幕尺寸相关的知识点。我们力求以深入浅出的方式向同学们介绍数字世界的规范和准则。

如今，智能终端设备的屏幕尺寸变得越来越多样化，这给应用程序的开发和设计带来了巨大的挑战。特别是在PC和Android设备上，不同的分辨率层出不穷，导致了碎片化问题的日益严重。你会遇到各种不同的分辨率（单元：像素），例如480×800、480×854、540×960、720×1280、1080×1920、1920×1080、3840×2160等等。这些不同的屏幕尺寸和分辨率要求界面设计师花费更多的时间和精力来适配不同的设备，以确保应用程序在各种设备上都能良好运行。

近年来，苹果的移动终端设备也变得越来越多样化。随着新型号的不断推出以及相同产品系列内不同配置的增加，苹果移动终端设备的碎片化问题也变得普遍。例如，640×960、640×1136、750×1334、1242×2208等。（图2-6）

一、苹果移动端iOS部分

（一）界面设计尺寸及组成要素——尺寸和分辨率

目前市场上主流的iOS设备包括iPhone SE

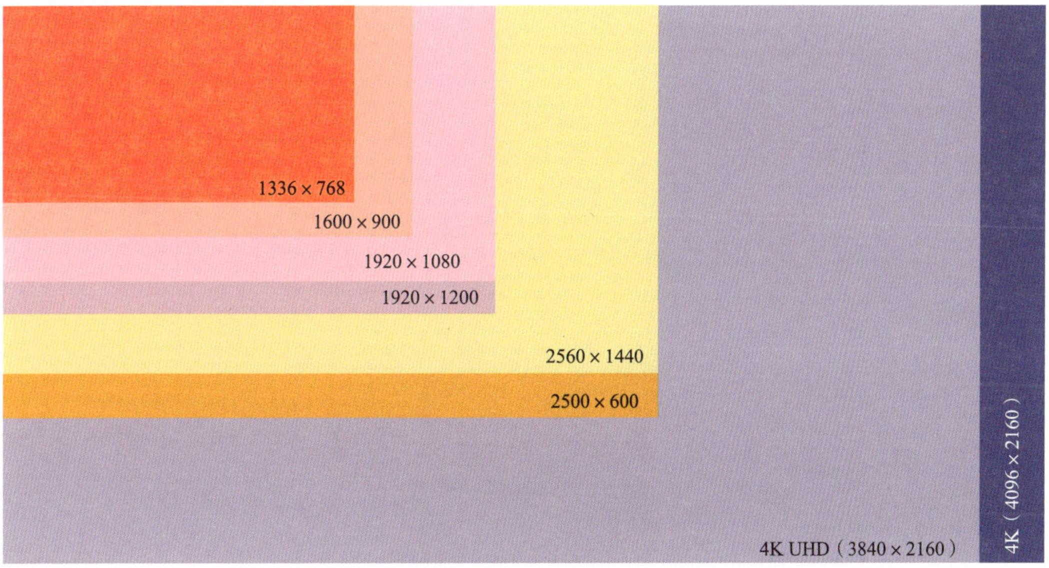

图2-6 分辨率尺寸种类

（一代和二代，4英寸和4.7英寸）、iPhone 6s/7/8（4.7英寸）、iPhone 6s/7/8 Plus（5.5英寸）、iPhone X/Xr（5.8英寸/6.1英寸）、iPhone Xs/Xs Max（5.8英寸/6.5英寸）、iPhone 11/11 Pro/11 Pro Max（6.1英寸/5.8英寸/6.5英寸）、iPhone 12 Mini/12 Pro/12 Pro Max（5.4英寸/6.1英寸/6.7英寸）。这些移动设备都采用了Retina视网膜屏幕，并且具有不同的分辨率倍率。其中，iPhone 6s/7/8 Plus和iPhone X采用了3倍率的分辨率，而其他设备则采用2倍率的分辨率。无论是菜单栏的高度还是应用图标的大小，设计师都需要为开发人员提供正确的切片尺寸。设计师会在文件名的结尾使用@3x和@2x进行命名，应用程序会根据屏幕分辨率的需要自动加载相应的资源。

iPhone手机的界面分辨率（单位：像素）如下（图2-7）：

640 × 1136（iPhone 5、5s、5c、SE）

750 × 1334（iPhone 6、6s、7、8）

1242 × 2208（iPhone 6 Plus、6s Plus、7 Plus、8 Plus）

1125 × 2436（iPhone 11 Pro、X、Xs）

823 × 1792（iPhone 11、Xr）

1242 × 2688（iPhone 11 Pro Max、Xs Max）

1080 × 2340（iPhone 12 Mini）

1170 × 2532（iPhone 12 Pro）

1284 × 2778（iPhone 12 Pro Max、iPhone 14 Plus）

还有与12系列相同的13、14系列。

iPad界面分辨率（单位：像素）如下（图2-8）：

iPad mini（7.9英寸）：1024 × 768

iPad 2（9.7英寸）：1024 × 768

iPad mini 2/3/4（7.9英寸）：2048 × 1536

iPad 5/6、iPad Air 1/2、iPad Pro 9.7英寸（9.7英寸）：2048 × 1536

iPad（10.2）：2160 × 1620

10.5英寸iPad Pro/iPad Air（10.5）：2224 × 1668

11英寸iPad Pro（11英寸）：2388 × 1668

12.9英寸iPad Pro 1/2/3（12.9英寸）：2732 × 2048

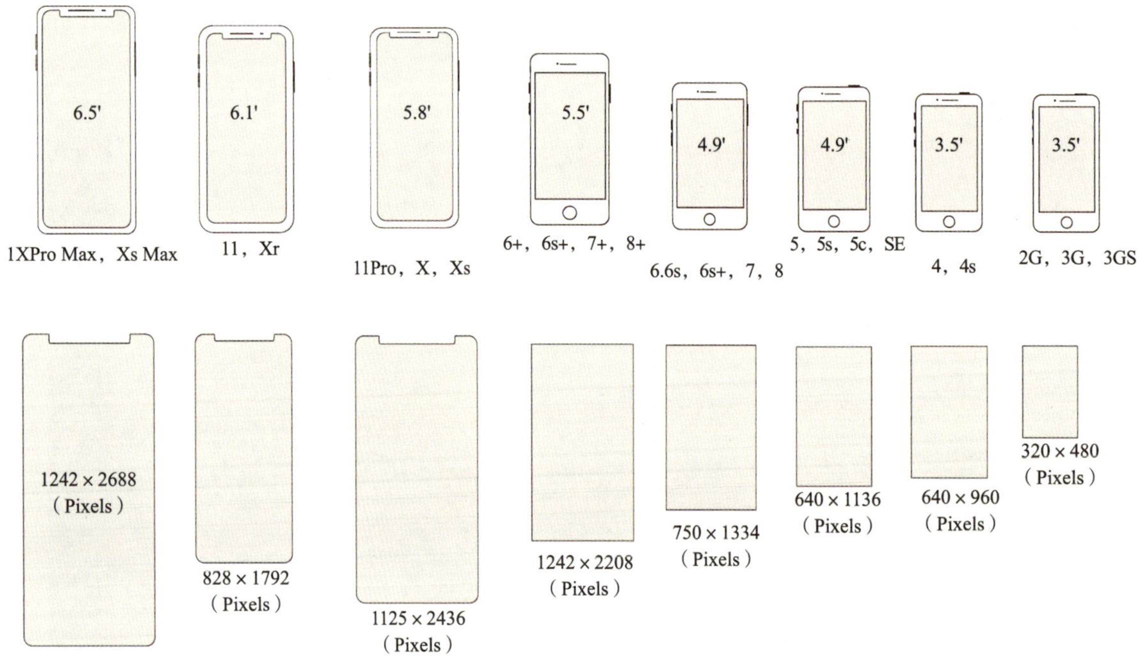

图2-7　iPhone手机界面分辨率

iPad Pro 12.9-inch（2nd generation）	2048 × 2732	1024 × 1366
iPad Pro（12.9-inch）	2048 × 2732	1024 × 1366
iPad Pro（10.5-inch）	2224 × 1668	1112 × 834
iPad Pro（9.7-inch）	1536 × 2048	768 × 1024
iPad Air 2	1536 × 2048	768 × 1024
iPad Mini 4	1536 × 2048	768 × 1024

图 2-8　iPad 系列产品的界面分辨率（单位：像素）

所有屏幕尺寸单位均使用像素（Pixels）。在使用Adobe Photoshop软件设计和制作网页界面和移动界面时，通常以72 dpi/inch的分辨率进行工作。设计时，并不需要为每个屏幕尺寸制作单独的界面，只需要按照常见的手机屏幕尺寸进行设计即可。

（二）界面设计基本组成元素

iPhone的APP界面由四个基本元素构成，包括状态栏、导航栏、主菜单栏以及内容区域（图2-9）。在这些元素中，内容区域的设计尺寸通常为640 × 960，而其他元素的尺寸如下：

第一，状态栏：显示手机状态，如信号、运营商、电量等，高度为40 px。

第二，导航栏：显示当前界面的名称，包括功能或页面间跳转的按钮，高度为88 px。

第三，主菜单栏：提供整个应用的分类内容快速跳转，高度为98 px。

第四，内容区域：展示应用软件的主要内容，是布局变更最频繁的部分，高度为734 px。

在iOS 7及以后的风格中，受到扁平化和设计趋势的影响，界面设计已经开始逐渐弱化状态栏的存在，将状态栏和导航栏合二为一，但尺寸高度并未有太大变化。

（三）屏幕字体的样式和字体大小

iPhone中默认使用的英文字体是“Helvetica Neue”，而中文字体因操作系统而异。在MacOS

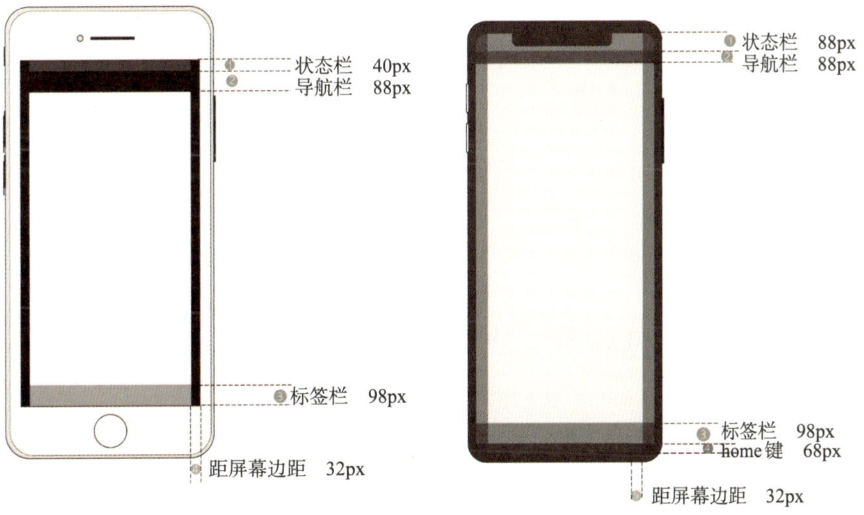

图 2-9　iPhone6-iPhone8 机型界面和 iPhoneX 以后机型界面构成尺寸

系统下，中文使用的是“黑体－简”字体，而在Windows系统下则使用“华文黑体”作为中文字体（图2–10）。然而，在使用计算机相关的设计软件进行设计时，设计人员可能会遇到字体显示有偏差的情况，这是因为不同操作系统安装的字库不同所导致的。因此，设计人员需要不断进行调整，以尽可能地接近最终产品的效果。

从Android One的4.5英寸（480×854）到小米10Pro的6.67英寸（1080×3120），其分辨率种类多达几十种。（图2–11）

二、Android系统平板显示屏幕的尺寸

例如从7寸平板分辨率（1200×1920）、10寸平板分辨率（2048×1536）、三星Galaxy Tab S3（1280×800）等，这里就不一一以文字罗列了。（图2–12）

由于Android系统在各种移动终端设备上的屏幕尺寸和分辨率较为多样化，因此为了确保显示效果的一致性，Android将不同设备的像素密度划分成多个范围区间，并针对每个范围区间定义了不同的倍率。这样设计师在设计时可以直接按照标准尺寸进行设计，操作系统会自动计算适当的像素密度和缩放比例，以保证最终的显示效果相近。尽管像素密度是一个重要的概念，但是设计师不需要自己进行像素密度的计算，因为操作系统会在设计过程中自动处理相关计算，让设计师能够更加专注于设计的创意和视觉效果的呈现。

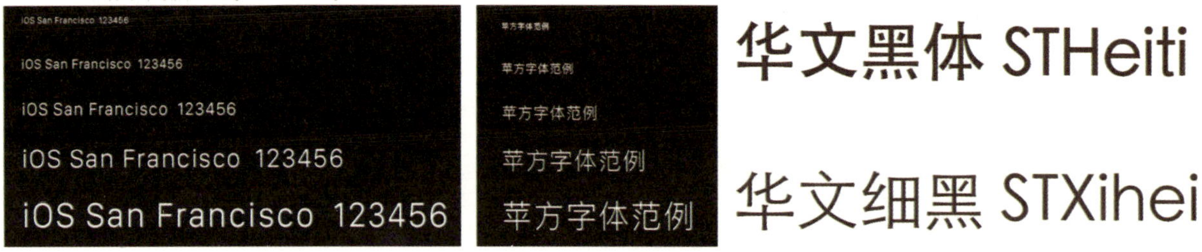

图2–10　iPhone上的字体为使用不同操作系统计算机设计时所代用的字体

密度	LDPI	MDPI	HDPI	XHDPI	XXHDPI	XXXHDPI
屏幕像素点密度(ppi)	~120	~160	~240	~320	~480	~640
倍率	@0.75X	@1X	@1.5X	@2X	@3X	@4X
dp-px	1dp=0.75px	1dp=1px	1dp=1.5px	1dp=2px	1dp=3px	1dp=4px
分辨率(px)	240x320	320x480	480x800 480x854 540x960	720x1280 720x1560 720x1600 720x1544	1080x1920 1080x2340 (6.47) 1080x2310 (6.4) 1080x2400 (6.57) 1080x2240 (7.2) 1176x2400 (6.53) 2480x2200 (8.0) 2088x2250 (7.92) 1080x2280 (5.6) 1536x2152 (7.1)	1440x2560 (6.55) 1440x3120 (6.67) 1440x3040 (6.0)

图2–11　Android系统手机显示屏幕的尺寸和分辨率（单位：像素）

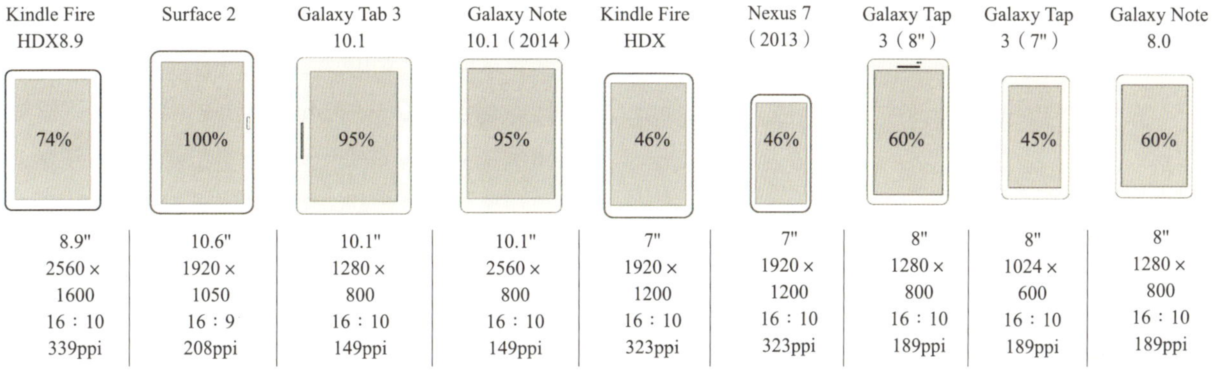

图 2-12　Android 系统平板显示屏幕的尺寸和分辨率（单位：像素）

三、屏幕设计中的小知识

（一）像素密度

Pixels Per Inch，指每英寸的长度上排列的像素点的数量。像素密度越高，屏幕显示的效果就越精细。视网膜屏幕（Retina 屏）比普通屏幕清晰很多，因为它的像素密度是原先的两倍。（图 2-13）

（二）屏幕尺寸、物理分辨率、逻辑分辨率和像素倍率

屏幕尺寸指的是屏幕对角线的长度，通常以英寸为计量单位，约等于2.54厘米，大约是人的食指最末端指节的长度。例如，iPhone 6的屏幕分辨率为750×1334。物理分辨率（PX）也称为设备像素或标准分辨率，是显示屏硬件能够显示的原始图像分辨率。逻辑分辨率（PT）指的是设备的独立像素，没有固定的下限，越小越清晰，并可以转换为物理像素。

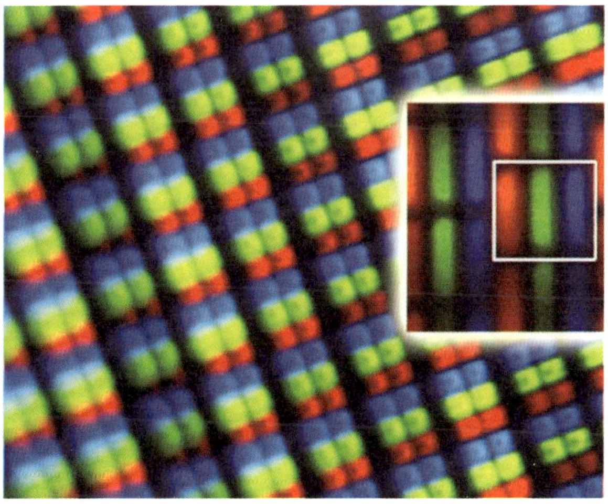

图 2-13　像素放大图

界面设计师通常提供物理分辨率，而程序中使用的是逻辑分辨率。物理分辨率是硬件支持的分辨率，而逻辑分辨率是软件可以实现的分辨率。像素倍率（DPR）= 物理分辨率/逻辑分辨率。例如，iPhone 6的像素倍率为（750×1334）/（375×667）=2；而Mac 电脑的Retina 屏幕将2×2个像素视为1个像素使用。举个例子，原本高度为44像素的顶部导航栏，在Retina 屏幕上使用88个像素来显示，从而实现更清晰的画质。

（三）Retina

“Retina”是一种显示技术，它能够在屏幕上压缩更多的像素点，从而实现更高的分辨率和更细腻的显示效果。该技术最早由摩托罗拉公司开发，最初应用于Moto Aura手机屏幕。随后，苹果公司在2012年后广泛采用这一技术，例如在MacBook Pro系列笔记本电脑上。该技术的特点是，在正常观看距离下，人眼无法分辨出像素点，使显示内容呈现出纸质画面一般的精美效果，因此通常被称为“视网膜显示屏”。

（四）边距和间距

在移动端界面的设计中，页面中元素的种类包括：

1. 全局边距

全局边距是指界面设计中应用软件内容与屏幕边缘之间的距离。它是用户界面的一个重要规范，设置合理的全局边距能够更好地引导用户的垂直阅读行为（图2-14）。在实际应用中，全局边距是界面设计的一种语言，为用户提供了足够的空间和视觉缓冲区，使页面或应用的内容更易于阅读和理解。此外，全局边距的设置对版面编排有影响，可以影响应用界面的整体感觉和美感，这是界面设计中一个不可忽视的细节。常见的全局边距数值包括20px、24px、30px、32px等，值得注意的是，这些数值都是偶数。以iOS界面为例，“设置”页面和“通用”页面都使用了30px的边距。

另一种布局方式是在界面中不使用任何边距，通常应用于卡片式布局中的图片通栏显示。这种设置方式可以更好地突出图文内容，吸引用户的注意力，并增加用户的黏性。

2. 卡片式设计中的界面元素间距

在移动端界面设计中，卡片式布局是一种常见的布局形式。根据设计功能和风格的需要，通常每个卡片之间的间距不少于16px（图2-15）。常用的间距数值包括20px、24px、30px、40px等。需要注意的是，间距不宜过大，否则会使界面在视觉上显得松散，浪费移动端有限的界面空间。

举例来说，当设计iOS屏幕（750×1334px）上的设置界面时，考虑到信息的数量不多，选择了较大的70px作为卡片间距。这样做有助于减轻用户的阅读负担，使界面更加整洁和易于阅读。相反地，当设计“通知中心”时，需要承载大量的信息，因此采用了较小的16px作为卡片间距。这样可以更好地呈现大量信息，同时保持界面的连贯性和视觉紧凑性。

总而言之，在卡片布局设计中，需要根据产品的实际需求进行间距设置。不同的产品类型、不同的用户群体和不同的设计风格可能需要不同的卡片间距，以实现最佳的用户体验。

3. 界面中内容的间距

设计一款APP时，需要关注其中的各种“栏”（如状态栏、导航栏、标签栏、工具栏）以及控件、图标、信息内容等元素。在这些元素之间设置适当的间距至关重要，因为它直接影响用户对应用程序的使用体验。

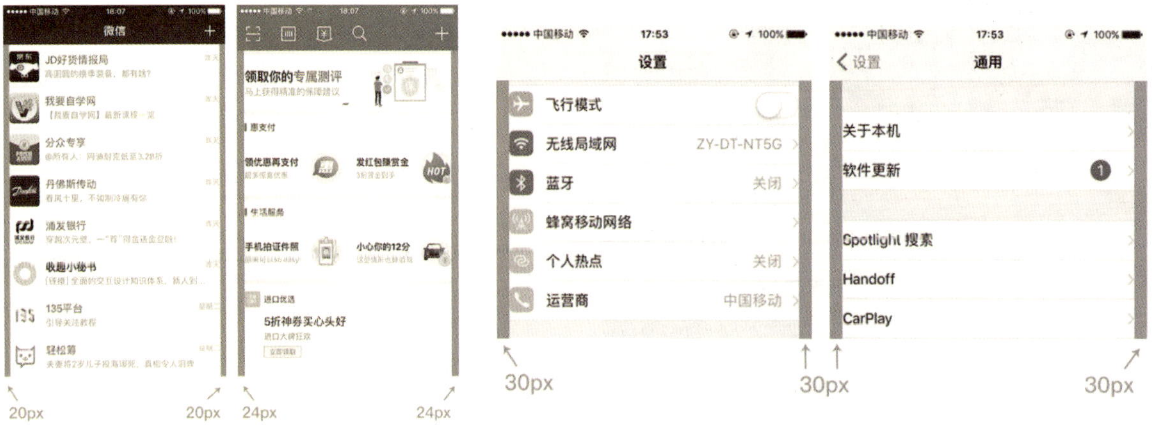

图2-14　全局边距

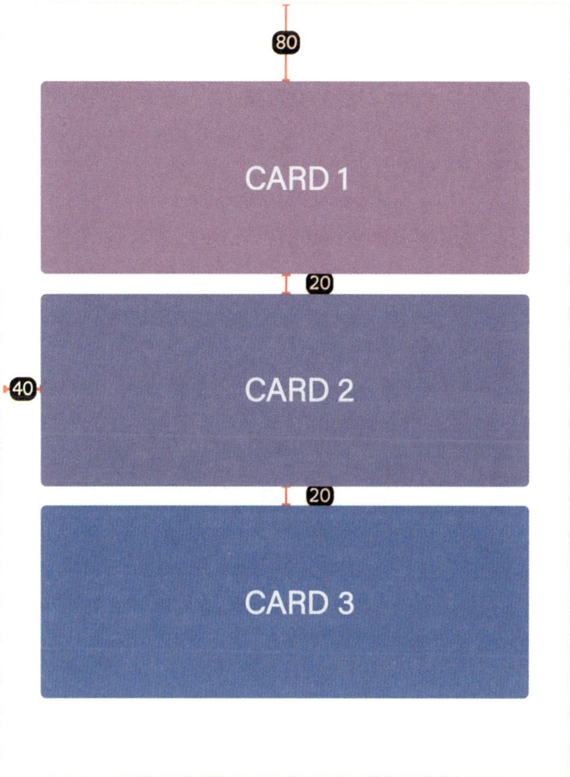

图 2-15　卡片式设计的间距

邻近性是格式塔原则中的一个重要原则，它认为单个元素之间的相对距离会直接影响观者对于元素组织和关联性的感知。换句话说，互相靠近的元素会被认为是一组，而距离较远的则被认为是不同组的元素。

举个例子，在下面的这款 APP 的主界面中（图 2-16），每个应用程序名称都与其他图标保持一定距离，但与相关功能的图标距离较近，保持紧密关联。这样的设计不仅使用户浏览更直观，还能清晰地展示应用程序名称与其他图标之间的关系。

（五）内容布局形式

APP 设计中，内容的布局形式有多种，不同的布局形式可以给用户带来不同的体验。下面介绍两种常见的布局形式：列表式布局和卡片式布局。

1. 列表式布局

大多数 APP 应用程序采用列表式布局，这种

图 2-16　内容间距

布局形式有许多优点。其中之一是可以在有限的屏幕空间中显示更多的信息，为用户提供更全面的反馈。此外，用户可以通过上下滑动来快速浏览和获取大量信息，使用户能够高效地获取所需信息。因此，列表式布局已成为APP设计中最常见的布局之一，适用于各种类型的APP，如社交媒体、新闻资讯等。（图2-17）

以微信和QQ为例，它们的“信息”页面都采用了列表式布局，以最大程度地展示信息内容。在使用这种布局时，需要注意列表的高度范围。最小高度应设置为80像素，以确保有足够的可点击区域和良好的用户体验。

2. 卡片式布局

卡片式布局的独特之处在于每张卡片的内容和样式相互独立，互不干扰。在同一个页面上，可以使用不同的卡片承载不同的内容，实现更加丰富多样的内容展示，为用户提供直观、生动的视觉体验。（图2-18）

在使用卡片式布局进行设计时，设计师通常选择白色作为卡片的背景色，而卡片之间的间距常为浅灰色。当然，不同产品可能采用不同的颜色方案，例如在深色模式下，卡片的色彩设计可能有所不同。

双栏卡片布局常见于以图片为主的应用程序，例如商城商品陈列页面等。与传统的卡片式布局类似，但双栏卡片布局可以在一个屏幕内展示更多的内容，至少可容纳四张卡片。这种布局形式既提供了更多的信息，又帮助用户快速准确地浏览和选择所需的内容。

3. 图片在界面中的设计比例

在UI设计中，经常需要使用图片来增强页面的视觉效果并吸引用户的注意力。图片的尺寸和比例是影响其呈现效果的重要因素。设计师通常依靠经验和直觉来确定尺寸和比例，但实际上，存在一些科学原则可以指导设计师如何设置图片的尺寸和比例以获得最佳效果。常见的图片尺寸包括16∶9、4∶3、3∶2、1∶1和1∶0.618（黄金比例）等，每种尺寸都具有独特的特点和用途。

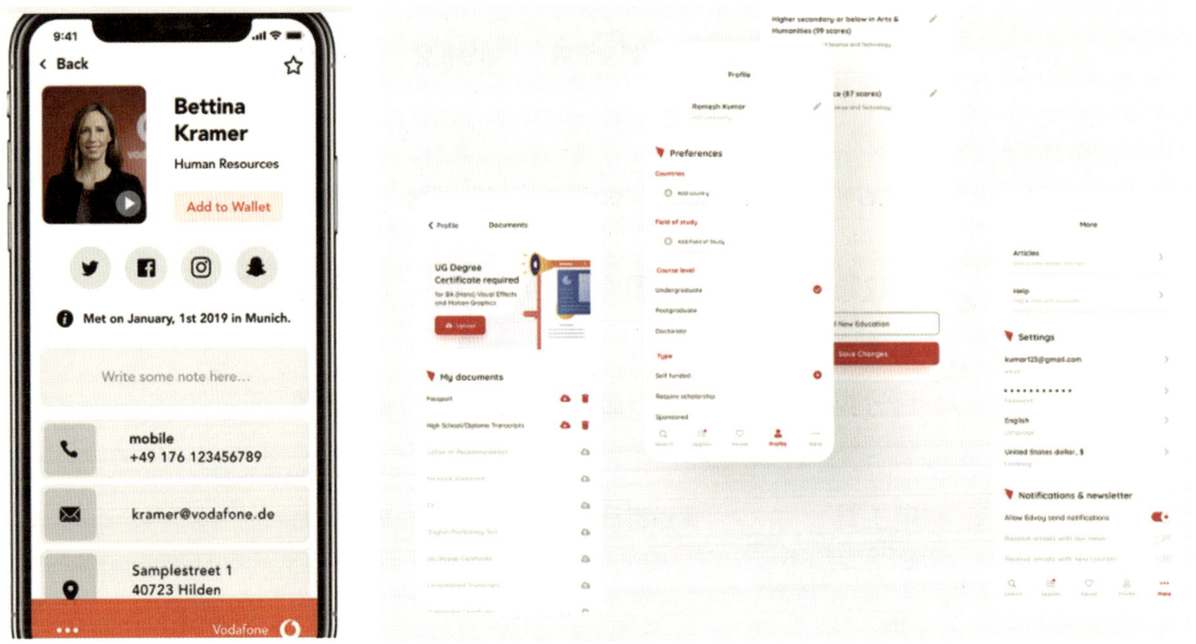

图2-17　列表式布局

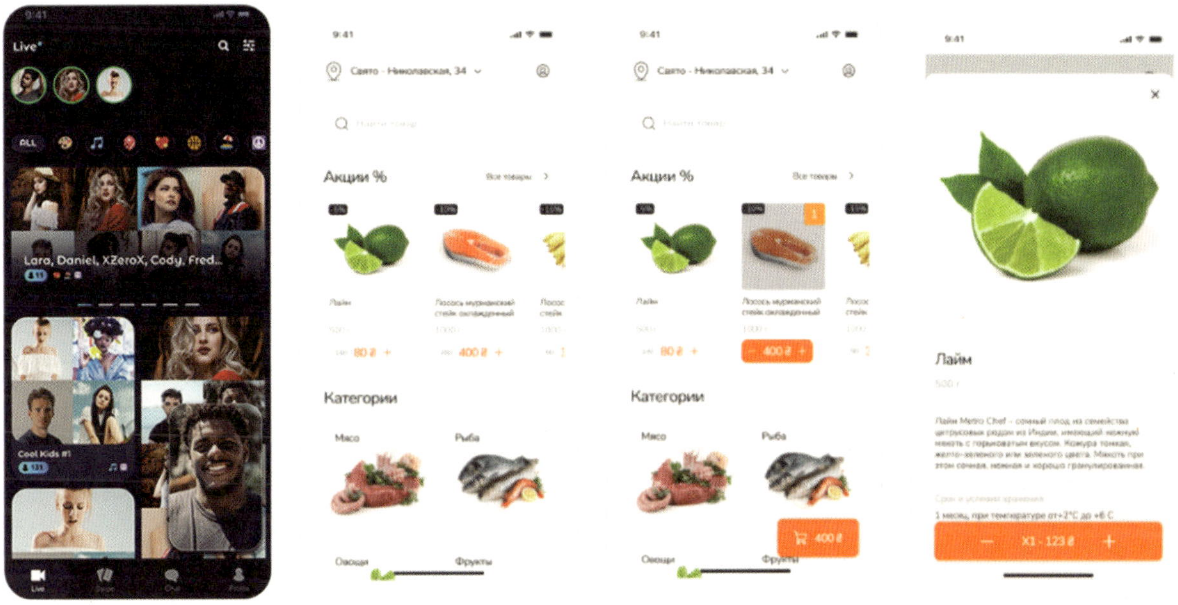

图 2-18　卡片式布局

4. 构建统一风格的界面图标

在界面设计中，APP的图标并非独立存在，而是由多个不同系列的图标模块组成。这些图标系列穿插于整个交互产品的各个页面，向用户传递特定的信息。因此，在设计APP界面时，需要注意图标的整体性和一致性，形成一定的规范，以便用户在使用过程中能够从视觉和逻辑上轻松理解和操作。（图2-19）

四、小结和练习

移动设备的屏幕多样化，设计师需要深入了解界面设计与屏幕分辨率之间的关系，以便为未来的前端制作做好准备。

大家是否知道自己手上的移动设备（包括手机、智能平板）的分辨率是多少？

图 2-19　统一风格的界面图标

第三章　界面设计在产品设计中的应用

第一节　智能产品界面设计（产品端）

第二节　智能产品界面设计（小型产品移动端）

第三节　设计与实训

第三章　界面设计在产品设计中的应用

本章概述

本章的第一节介绍了智能产品界面设计（产品端），包括六个产品端界面项目案例。第二节则讨论了小型产品移动端的界面设计，提供了四个相关项目案例。通过这两节的案例分析，学生可以全面了解智能产品设计中界面设计的作用和方法。第三节则聚焦于设计与实训，通过六个实训任务，培养学生在产品界面创意设计和视觉表现方面的能力。

学习目标

通过学习本章内容，学生将具体掌握智能产品界面设计的方法和工具，并通过实训任务了解智能产品界面设计的项目工作流程，提升在界面设计岗位上的工作能力。

工业革命以来，产品生产主要关注技术驱动的功能发展，特别是在19世纪以来的大部分时间里，这是产品批量生产的黄金时期。当时，生产商注重将技术应用于产品设计，提高产品的功能数量，并实现大规模生产。然而，对于产品外观的要求并不是重点，消费者的需求往往无法真正体现出来。随着20世纪20年代晚期工业生产的进一步发展，市场竞争的激烈化和消费者市场的崛起，以欧洲和美国为首的发达国家提出了“形式追随功能”的理念，并在大部分20世纪期间占据主导地位。在工艺美术运动和装饰主义运动等设计运动的基础上，开始将用户的感受、爱好和情感因素融入产品的外观和功能设计中。在20世纪技术快速发展的60多年里，为普通消费者提供了丰富多样的大众消费产品，使每个人都能享受到科技发展带来的便利。然而，正如“形式追随功能”所主张的，大众产品时代的附加价值（包括外观设计）主要围绕技术功能展开，虽然能满足用户的喜好、情感和需求，但并不总是能提供真正满意和愉悦的功能体验。

到了20世纪末，随着富裕社会的到来和分众消费市场的确立，微型计算机技术的普及和技术同质化的产生，以用户为导向的功能设计开始崭露头角。工业设计从大众化和大规模生产逐步转向根据市场需求细分出年龄、性别、人群等因素定义的分众产品，小批量、个性化和情感化的产品受到消费者的欢迎。内嵌计算技术和分众消费市场的形成，为以用户为中心的交互设计打开了大门，工业设计师不再追随客户和市场表面需求而设计，而是开启了新技术时代的新篇章。

交互设计最早源自计算机软件设计领域，致力于研究和定义用户的现实和潜在需求。通过合理的交互界面流程，用户可以高效、安全地使用和控制软硬件，并在使用过程中感到愉悦和易于学习。随着工业产品进入计算机时代，功能数量和复杂性呈几何级增长，用户面临着忽略人性化的困境，难以学习和使用新开发的产品。以技术为导向的设计无法满足用户需求，这就是产品交互设计产生的基础。

现代智能产品的使用和控制方式与过去的机电一体化产品有所不同。在微型内嵌计算技术普及的今天，用户与产品互动的接口是各种软硬件相互映射的控制界面。同时，硬件技术和专业功能逐渐隐藏在产品的内部，呈现给用户的界面变得更简单、高效和不那么技术化。以用户为中心的设计在智能产品中至关重要。在计算机领域，工程技术的制约相对减少，工程师和设计师能够基于共同合作的基础上对用户进行预先研究和评估，并展开相应的设计工作。

产品制造技术和功能的全面发展使用户越来越注重使用体验和效率，而用户的潜在需求并不总是明确的。在以用户为中心的产品设计策略下，工业设计师可以在研究社会、经济和技术基础上找到产品机会缺口，并通过创新的设计开发出新产品。

在本部分中，将以智能产品界面设计的例子进行创意介绍，使学生们对产品界面设计有一个直观的认识，并从案例中获得初步的设计概念。

第一节 智能产品界面设计（产品端）

本部分的主要目的是通过智能产品端的界面设计例子来进行创意介绍，让同学们对产品端界面设计有一个更直观的了解，并从案例中获得初步的设计概念。

一、智能咖啡机

设计介绍：智能咖啡机采用了触摸界面上的掌纹形式来记录不同用户对咖啡口味的偏好。用户只需输入掌纹识别数据，机器就能根据之前设定好的不同用户数据来冲调符合个人口味的咖啡。该产品的界面设计是其设计中的一个重要组成部分（图3–1，图3–2）。该设计进入了2012年伊莱克斯全球设计大赛的前十名。

二、智能虚拟试衣镜

设计介绍：智能虚拟试衣镜利用用户的实时动作捕捉系统和三维服装数据库，使用户能够在显示屏前进行数字化虚拟试衣体验。该虚拟试衣镜通过三维互动的界面形式，让用户感受到衣物穿在身上的真实感，虚拟服饰会随着用户的身体动作而跟随，并可以灵活调整不同服饰风格的搭配。（图3–3）

图3–1 智能咖啡机一 指导：伏波、罗名君 设计：蔡文耀

图3–2 智能咖啡机二
指导：伏波、罗名君 设计：蔡文耀

图 3-3　智能虚拟试衣镜　设计：伏波、陈昌春

三、概念风扇

设计简述：森·境——落地式概念创意风扇。该设计旨在为家庭带来身临其境的森林感觉。设计师将风扇设计成宛如一棵新生的小树，优雅的树枝连接着一朵朵“小风扇”（图3-4）。当风扇启动时，给人一种舒适愉悦的心情。此外，该产品可通过手机APP控制各个小风扇的开关状态，根据用户的喜好进行调整。移动端的APP界面允许用户通过手势滑动来部分打开或关闭小风扇，营造出与大自然亲近的情感化产品使用体验。

图 3-4　森·境——落地式概念创意风扇　指导：伏波　设计：叶晓君

四、智能药物保健机器人

（一）设计简述

产品名称："遇见Pillo"。这是一款家用机器人智能产品，可帮助消费者定时关注和运用他们的药物或保健方案。无论用户是健身运动爱好者、照顾病人的人、病人本身或是仅需一些日常健康帮助管理方面的用户，Pillo都可以为其提供健康管理所需的功能和信息。（图3-5）

*图片引用自http://pillohealth.com/，设计：Pillo Health

Pillo产品的高度仅有330.2毫米，产品的软件设置最多可以设定四周的用药时间，可以满足一般用户的使用需求。该产品使用面部识别和AI人工智能来提醒人们定时服用药物，并帮助用户进行服药疗程的日期规划。（图3-6）

（二）屏幕菜单

该产品具有清晰的功能导航，令用户在使用过程中感受直观、无缝的用户体验。用户可以通过以下方式创建服用药物时间表，具备添加和修改其菜单详细的设置功能。

Pillo允许使用菜单屏幕键盘进行手动密码设置，这是其中的一项多重安全性功能。

Pillo向其用户提供各种选项，以确保安全可靠的交互。

（三）设备的通知功能

Pillo可以链接到智能移动终端设备（例如手机、智能手表等），通过互联网，用户可以在家以外的任何地点接收产品所发出的提醒信息，并为用户提供所有日常健康管理所需的信息内容。（图3-7）

（四）与苹果手表的连接

通过Pillo，用户可以安全地存储、管理和共享个人的健康数据信息。如果用户需要有关健康方面的帮助和时间安排计划，Pillo可以向用户或其看护人发送提示信息。Pillo还具备自显示界面上的表情显示，以传达各种药物使用情况的信息。（图3-8）

如图所示情绪表达从左到右依次为感兴趣的、

图3-5　Pillo药物保健机器人

图3-6　Pillo控制和信息显示界面

图 3-7　在智能移动端的控制与显示界面

快乐的、好奇的、惊讶的和伤心的。（图3-9）

产品显示界面的初始选择功能。（图3-10）

Pillo 能够识别用户并与其进行人机互动。使用最新的语音和面部识别技术，听到、看到和理解用户的交互需求。（图3-11）

（五）交互应用场景下的互动对话（图3-12）

用户：“Pillo，在芹菜棒中有多少卡路里？”

Pillo ：“六卡路里，克拉拉。为了您的健康，芹菜是非常好食物！”

用户：“好的”

Pillo ：“克拉拉，这是您的胆固醇药丸。据我了解，您的胆固醇不足。我可以为您重新订购吗？”

用户：“谢谢你，Pillo。那太好了！”（图3-13）

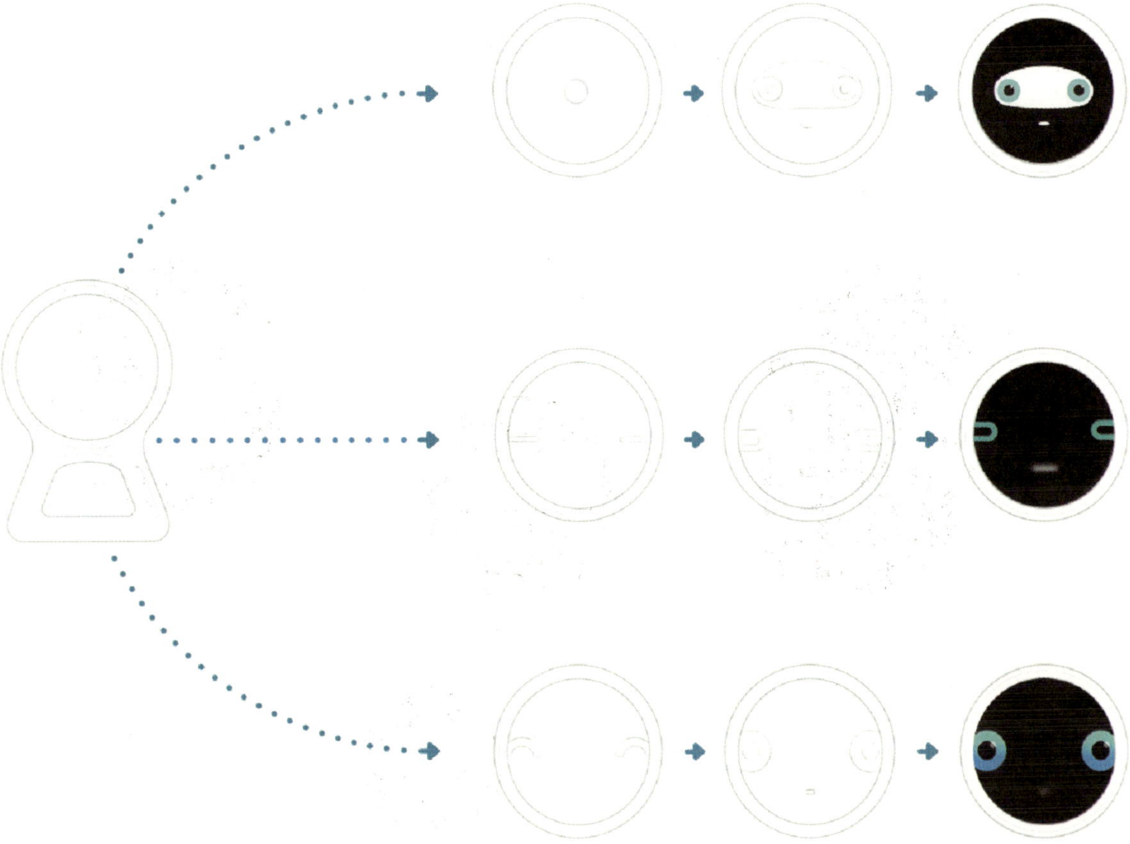

图 3-8　产品的界面显示，以几何图形来模仿表情，反馈用户操作信息

图 3-9　产品界面情绪显示图——机器人的主要情感表达

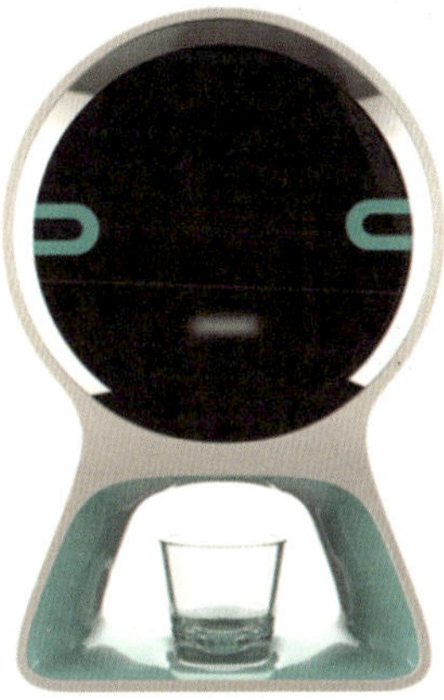

图 3-10　初始选择功能

图 3-11　Pillo 的脸部识别和互动

图 3-12　交互应用场景 -1

图 3-13　交互应用场景 -2

五、智能机器人管家

这是一款智能机器人管家的产品设计，其创意理念包含了自动化、信息化和智能化这三种技术的融合，能够为需要人手照顾的家庭提供生活和医护方面的各项照料服务。用户可以通过语音指令或触控指令向机器人发布任务，机器人会接收并执行。（图 3-14）

* 图片引用自 www.behance.net，设计：Will Xie

该产品具备独立动作、语音录像、智能指导、健康建议、智能安全等功能。用户可以通过液晶触

图 3-14　智能机器人管家

摸屏界面进行操作和控制，智能机器人管家则通过位于脸部和身体前方的显示屏以动态图形的形式向用户反馈状态信息。

通过创新的界面设计，该产品将机械化的人机交互隐藏起来，采用自然交互和情感化的信息显示方式，降低了用户学习使用的难度，为家庭增添了具有人性化特点的机器伙伴。

六、惠而浦智能洗衣机

(一) 设计简介

作为传统家电产品领域的常青树——洗衣机，随着智能化程度的提升，其界面控制也逐步向实体化过渡。随着功能的增多和增强，洗衣机的操作界面变得越来越复杂，用户对界面的辨识度和操作逻辑性的要求也越来越高。在满足用户需求的基础上，界面设计师需要清晰梳理使用功能、划分信息显示和操作模块，降低用户的负担，并避免错误操作的发生。这使得界面设计策略的要求提升到一个新的层次。(图3-15)

(二) 界面功能布局

该洗衣机产品的操作界面包括以下内容：跳过步骤、状态栏、负载大小、清洗周期、被子、快速、洗涤阶段、手动循环浸泡、负载水平、智能卡、白色加白色、牛仔裤、较干的衣服、易熨烫、浴缸清洁洗、婴儿和精致、床单和毛巾、小中大超大、很肮脏、低温、延期时间、肮脏的、热的、报警器、开关、循环选择、开始、污垢等级、我几秒钟、暂停、水温、延迟启动、7段显示（反馈）、开始/暂停周期、打开/关闭、洗涤周期选择器等功能（图3-16）。界面设计中，大量的功能按键以分区域模块聚集的形式进行了梳理，并根据工作流程和用户的使用习惯进行了布局安排，以使用户的操作更加直观。

*图片引用自 Whirlpool Intelligent-UI，设计：Vinicius Longo

图 3-15　惠而浦智能洗衣机界面设计

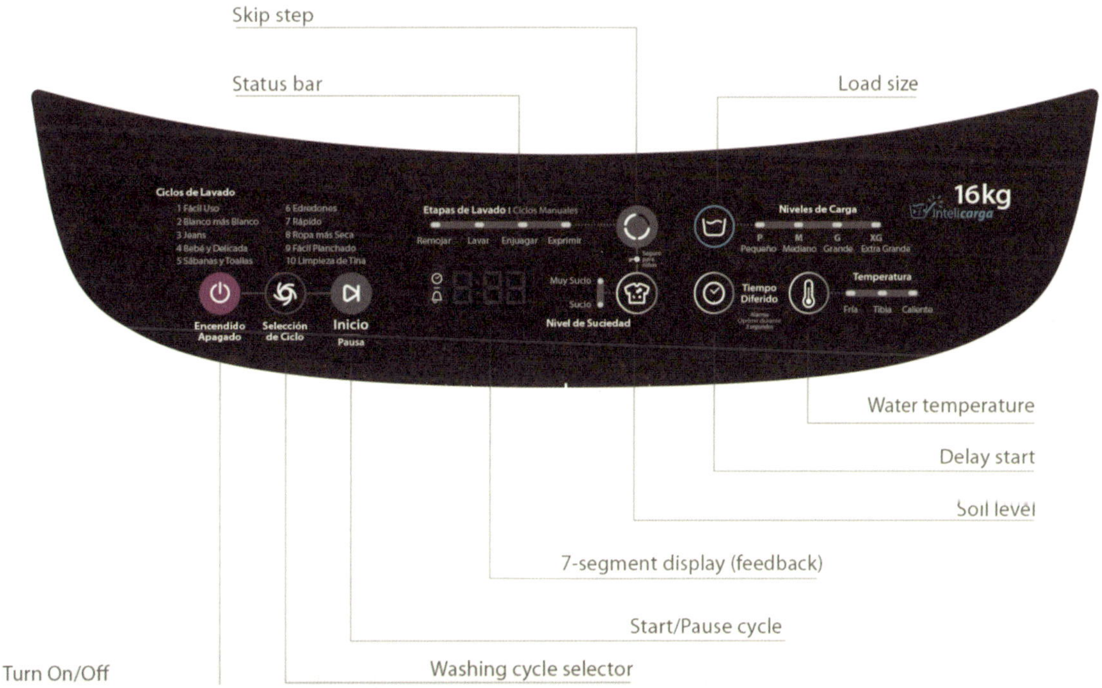

图 3-16　界面设计功能布置

第二节　智能产品界面设计（小型产品移动端）

本部分的内容主要以小型产品移动端的界面设计例子进行创意介绍，旨在让同学们对小型产品移动端界面设计有一个较为直观的认识，并从案例中获得初步的设计概念。

一、Flutter Clock（震颤的时钟）数字表盘

（一）设计简述

Flutter Clock是谷歌公司提供的一项基于界面设计技能的竞赛，有三支团队参与，包括Flutter、谷歌助手和联想。该竞赛要求设计师利用相应的程序语言，策划设计一个美丽而创新的智能数字钟面应用程序及界面。（图3–17）

*图片引用自 http://lenovo.com

（二）UI设计

设计者：

维森特·苏兹巴赫(Vicente Sulzbach)

工程师：

罗德里戈·恩里克·马歇尔(Rodrigo Henrique Maciel)

图中展示的是该设计竞赛项目中的一系列方案，设计理念主要基于全年的季节变化和每天的备忘事件，使用相应色彩的组合，构建出适配当天天气和环境的界面氛围效果。（图3–18）

图 3–17　Flutter Clock（震颤的时钟）数字表盘的界面设计

二、Bellder（贝尔弗）预定移动终端

Bellder（贝尔弗）是一款预定移动终端设备。用户可以在咖啡厅的餐桌上使用它进行付款，并用于接收咖啡已准备好的提示信息。Bellder的使用最大程度地提高了取餐信息的传递效率，同时减少了用户在餐厅内的聚集和人流移动。（图3–19）

*图片引用自 https://www.trendhunter.com/，设计：Dain Kim、Taejung Kim、Seyeom An、Myungi baek 和 JaeSuk Kwon

（一）设计概念

“Bellder”设备将菜单选择、付款和取餐提醒集成在用户的座位上，提供更便捷的体验。

（二）菜单选择

当顾客进入咖啡厅时，他们将得到一个“Bellder”设备。

在“菜单选择”屏幕上，提供了详细的菜单和产品信息，客户可以根据自己的意愿选择饮料或咖啡。（图3–20）

图 3–18　不同时间的天气状况界面设计

选择所有菜单后，屏幕会显示价格信息。

顾客可以在设备底部插入银行信用卡，然后直接在座位上付款。（图3-21）

付款完成后，当食品准备就绪时，设备会发出警报声。（图3-22）

（三）使用场景展示（图3-23，图3-24）

这种设计提供了自由的、最小化移动的、免费菜单选择的体验，简化了工作流程。店家已预先组合好配餐模板和购买路径，客户可以自由选择饮

图 3-19　Bellder（贝尔弗）预定移动终端

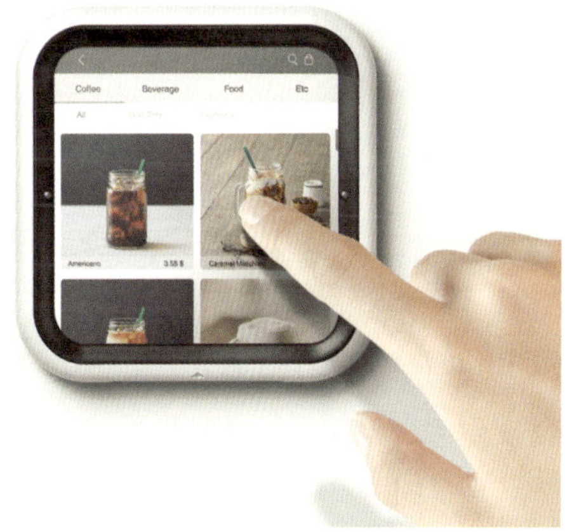

图 3-20　界面操作和信息显示

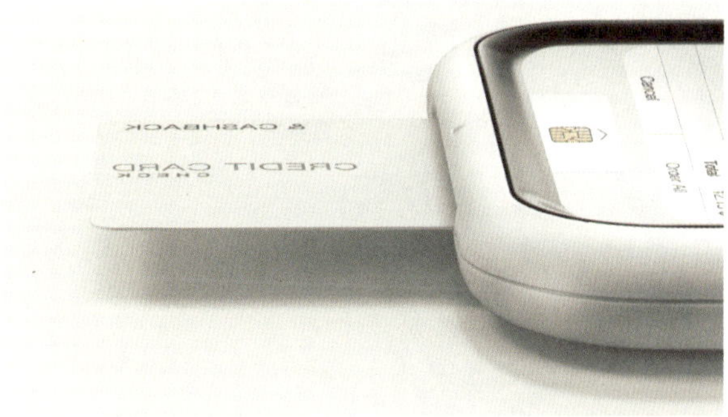

图 3-21　支付功能

图 3-22　警报显示

图 3-23　使用场景 1—选择食物

图 3-24　使用场景 2—刷卡支付

料。出纳员的作用降低了，简化了任务并降低了人工成本。该设计减少了不必要的移动，通过简化三步订购过程提高了效率。

（四）最终的产品展示（图3-25）

三、飞利浦车载空气净化器

飞利浦车载空气净化器是专为汽车用车场景设计的产品。它采用了用户友好的设计，顶部轮廓呈“方形”，尺寸紧凑，适配各种汽车内部环境。净化器具有简洁明了的UI设计，符合汽车内部结构紧凑性和储物孔大小标准，因此放置非常便捷。驾驶员和乘客可通过顶部触摸屏幕界面轻松操作产品，该界面提供了清晰明了的信息，使用户在行车途中能够轻松识别交互界面的操作内容。产品外壳采用织物材料作为质感表现，为用户提供更舒适、友好和愉快的视觉、触感和握持体验。（图3-26至图3-28）

*图片引用自https://www.philips.com.cn/，设计：One Object Design Studio

四、眼睛疲劳监控器

该产品是服务于长时间使用计算机屏幕的人员，目标是减少屏幕对眼睛的伤害。（图3-29）

*图片引自http：//www.behance.net/，设计：Yash Shenai

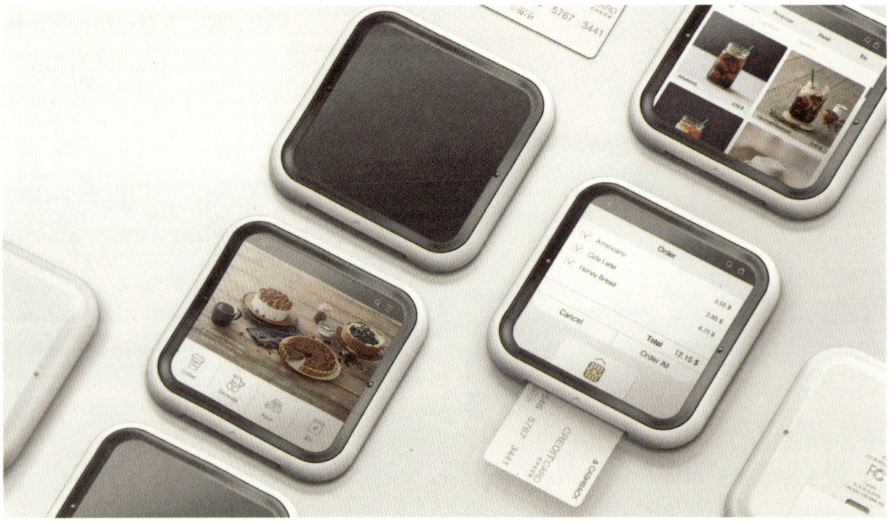

图3-25　产品界面展示

图3-26　飞利浦车载空气净化器S7000系列

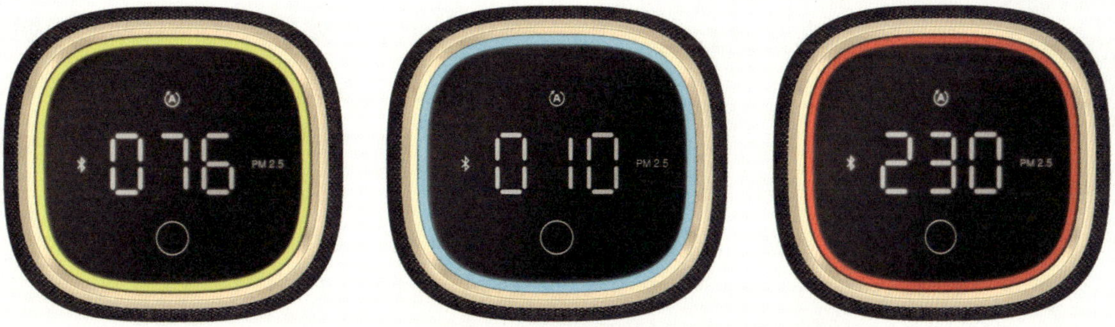

图 3-27　顶部界面展示 -1

图 3-28　顶部界面展示 -2

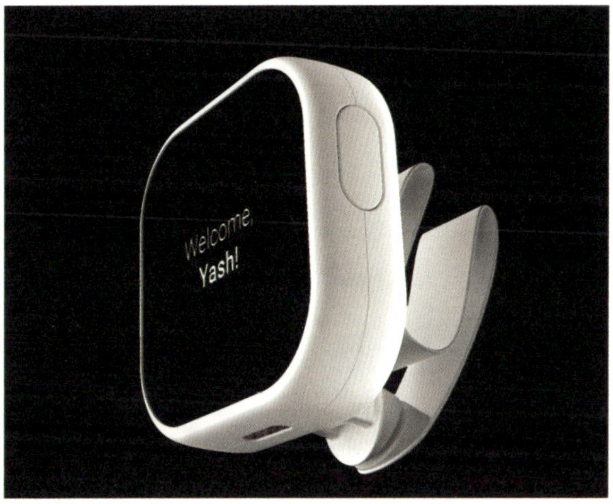

图 3-29　眼睛疲劳监控器

（一）设计内容

在工作期间缺乏对眼睛的合理保健会导致工作效率下降，同时也可能引起其他健康问题。为了解决这个问题，经过专业的市场调查和访谈，覆盖了从IT公司实习生到企业高管的各个层面。调查发现，尽管所有受访者都知道护眼的重要性和方法，但在繁忙的工作中很少会有意识地注意和执行。很多人会连续对着电脑屏幕工作超过20分钟而不休息，导致在工作时间结束时感到身心疲惫。

因此，该产品被设计成一种能够监测和提醒用户在使用计算机时的行为，并缓解眼睛疲劳的产品。（图3-30）

图 3-30　产品使用场景故事板

设计师开发了一个情绪板，旨在提供更多视

觉方面的指引，并将产品的形态和风格引导成柔软、圆润和温和的状态，就像棉花糖一样。（图3-31，图3-32）

该产品的设计理念类似于计算机上的第三只眼睛，它根据屏幕的直角和距离以及用户眨眼率，每隔20分钟响起，提示用户休息眼睛，并通过指示灯引导用户的呼吸频率，帮助用户快速进入休息放松的状态。（图3-33）

（二）产品上的界面设计（从左到右，从上到下的界面排列内容说明）（图3-34）

第一，倒数20分钟

第二，远距离下达指令

第三，增大用户到电脑之间的距离

第四，增加笔记本电脑屏幕角度的说明

第五，冥想、指导

第六，指令闪烁、更多

（三）用户如何与产品互动的说明（图3-35）

可夹在笔记本电脑屏幕上，通过物理按钮打开。

检查用户距离屏幕角度和距离，建议更改直到完成。

倒计时20分钟以终止休息时间，单按可暂停倒计时。

20分钟后将眼睛焦点移开，按一下即可重新开始倒计时。

双按时间按键进行呼吸引导。

按下按钮关闭产品。

（四）最终产品和使用场景展示（图3-36）

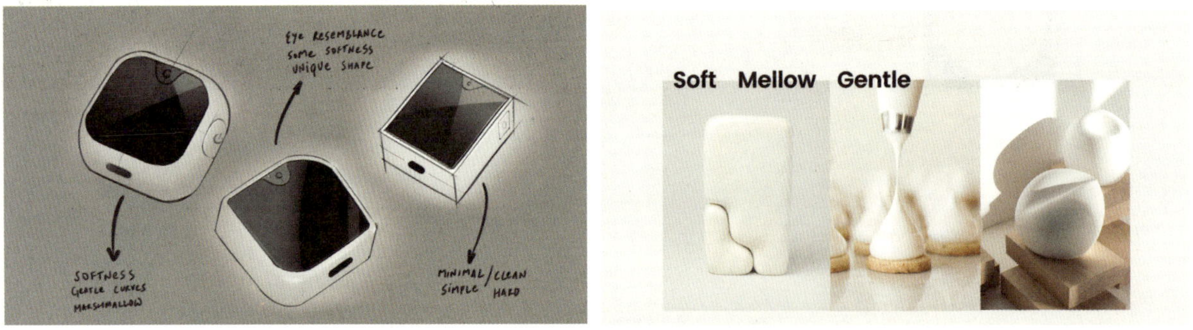

图3-31　产品外观情感化设计创意灵感解析

图3-32　最终产品外观设计效果

图 3-33　产品使用效果

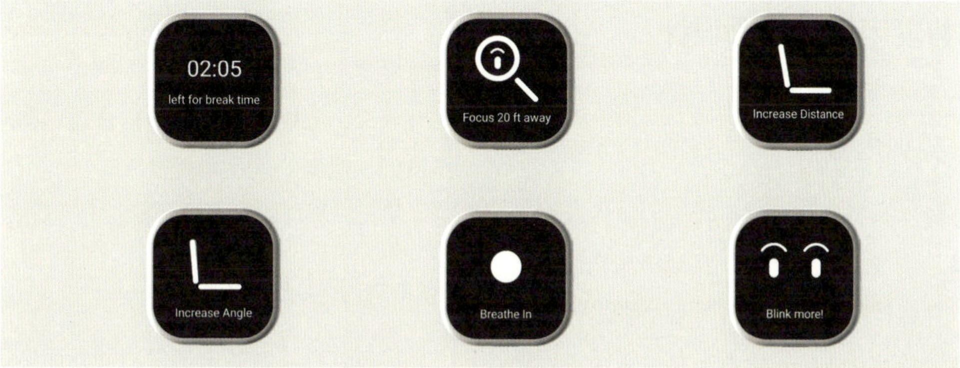

图 3-34　界面功能说明 -1

图 3-35　界面功能说明 -2

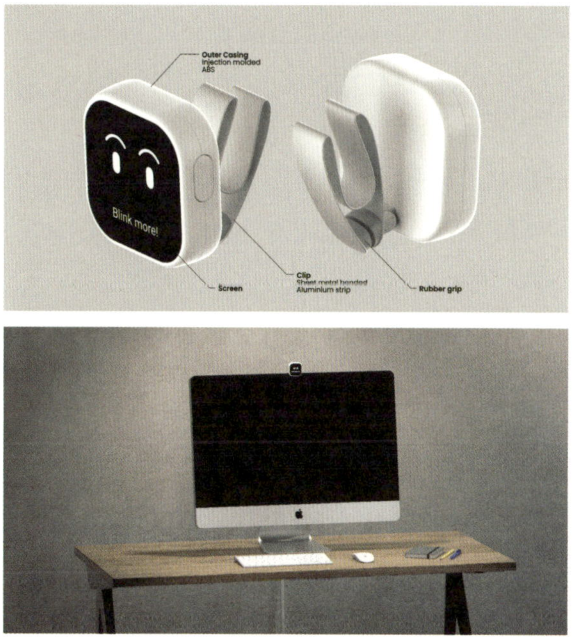

图 3-36　产品使用场景图

第三节 设计与实训

本部分的内容将通过多个项目案例，详细说明产品界面的设计方法、过程以及表现形式，同时介绍高保真原型的基本知识。

本课程的内容是为了响应先前的设计课程中智能产品和医疗产品的设计创意思路，旨在为产品提供人机交互界面的具体设计和高保真原型的制作表现。

一、智能电饭煲界面设计

（一）实训内容

本项目旨在对智能电饭煲机体上的操作界面进行设计，满足智能电饭煲功能、互动操作和信息反馈的需求，并以视觉表现的形式呈现。在进行设计前，需要对现今市场上的主流智能化电饭煲进行调研，分析其优缺点，以满足提升使用效率、增加情感化元素等需求，并提出创新设计方案。

（二）实训目的

第一，根据产品需求运用合适的界面布局，掌握有效解决功能需求的信息架构。

第二，掌握界面元素造型传递互动信息的方法。熟悉界面元素造型，以及传递互动信息的方式。

第三，培养以用户为中心的设计思维。

（三）重点

第一，准确分析市场已有产品的优缺点，针对缺点与存在问题提出改进方案。

第二，根据信息架构设计出符合需求的界面设计方案。

第三，通过视觉表达体现界面的定位、功能和美观性。

（四）难点

通过界面设计满足智能产品使用功能和提升用户体验的目标，构建以用户为中心的设计意识和信息架构设计能力。

（五）作业要求

第一，界面设计的创意表达符合设计概念提出的目标要求。

第二，界面设计信息结构合理、美观大方、制作精细，能有效满足功能需求。

第三，界面制作需符合智能电饭煲的生产要求。

（六）实战案例

项目名称：智能电饭煲控制界面设计

设计：丁梓良、朱蔚楠、刘思琪、彭琳琳、黎文迪、唐茂

设计指导：胡克

1.调研分析

本项目团队对市场上多种主流智能化电饭煲产品进行了优缺点的采集和设计分析。（图3-37）

根据分析，市场产品存在以下优点：

第一，面板上功能较齐全，提供多样化的选项。

第二，界面大部分布局在电饭煲的顶面或侧面，便于用户操作。

第三，采用液晶屏+按键的操控界面，赋予多种功能。

第四，界面简洁，数值显示较大，按键使用文字或图标。

第五，设备配备预约定时功能，方便用户灵活

图 3-37 项目设计资料搜集、竞品的比较

使用。

然而，市场产品也存在以下缺点：

第一，界面内容过于复杂，功能过多，缺乏精致和情感的显示。

第二，大部分灯光显示为白色，在电饭煲外壳为浅色或白天时不易识别。

第三，部分操作按键过少，学习成本高，使用者难以掌握。

第四，预约时间时需要多次按加减键，预约时间不够清晰。

第五，缺乏远程操控和查询功能。

图3-38为界面功能逻辑思维导图：

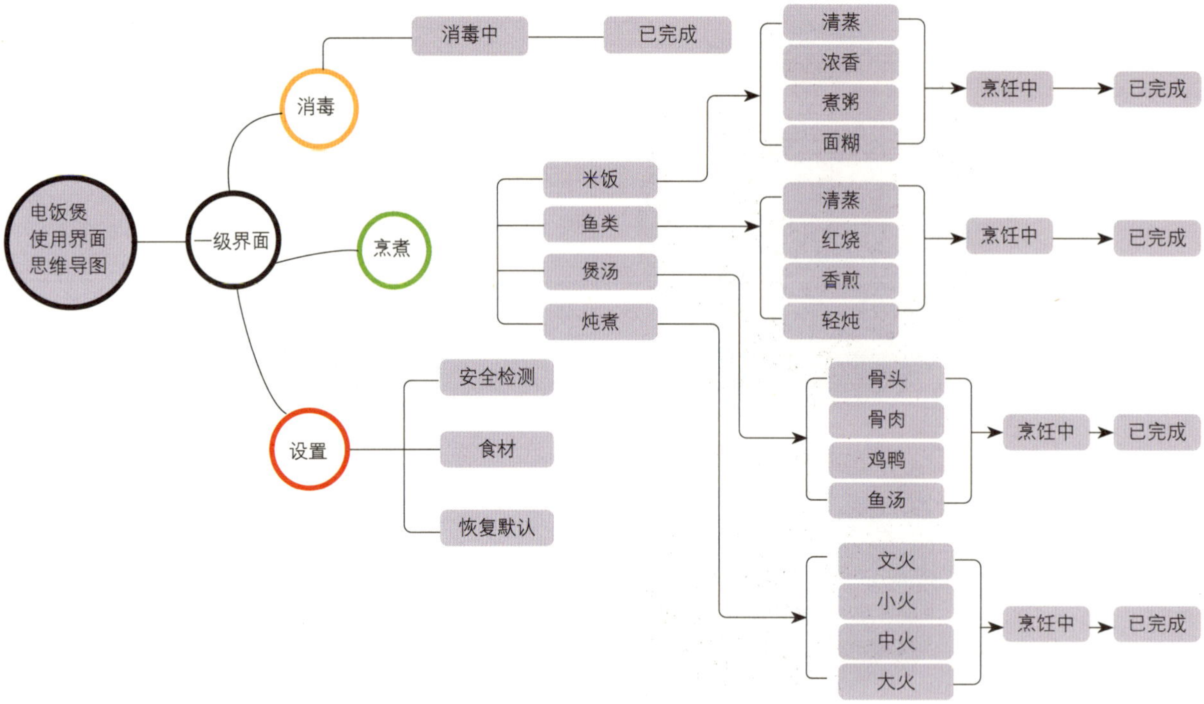

图 3-38　功能架构图

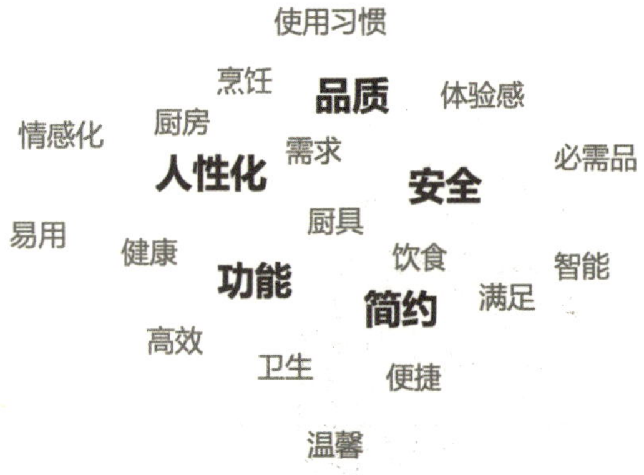

图 3-39　设计创意关键词的提出

2. 情绪板的设计制作

通过项目设计小组的头脑风暴，提取了设计创意的相关关键词。（图 3-39）

在归纳出主要关键词之后，又推导出了衍生关键词。（图 3-40）

接下来，项目组成员根据关键词内容进行了情绪板图片的收集整理工作（图 3-41 至图 3-45）。

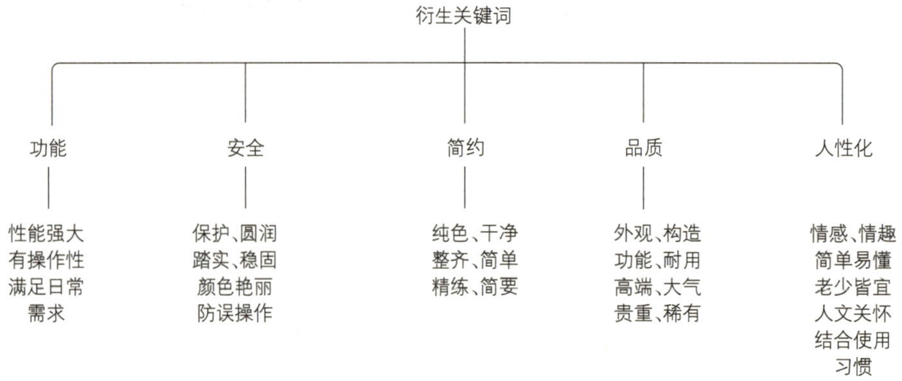

图 3-40　衍生关键词

图 3-41　情绪板的图片资料搜集 -1

图 3-42　情绪板的图片资料搜集 -2

图 3-43　情绪板的图片资料搜集 -3

图 3-44 情绪板的图片资料搜集 -4

图 3-45 情绪板的图片资料搜集 -5

通过与关键词相关的图片收集进行分析，创建了情绪板。（图3-46）

初步的设计方案。（图3-47）

最终的设计方案。（图3-48）

界面在产品正面位置的布局应用。（图3-49）

界面在产品顶部位置的布局应用。（图3-50）

功能使用流程的初步设计构思。（图3-51）

正式的设计方案。（图3-52）

3. 设计方案分析

（1）一级界面的视觉设计及设计创新点

“开始”界面设计方案：

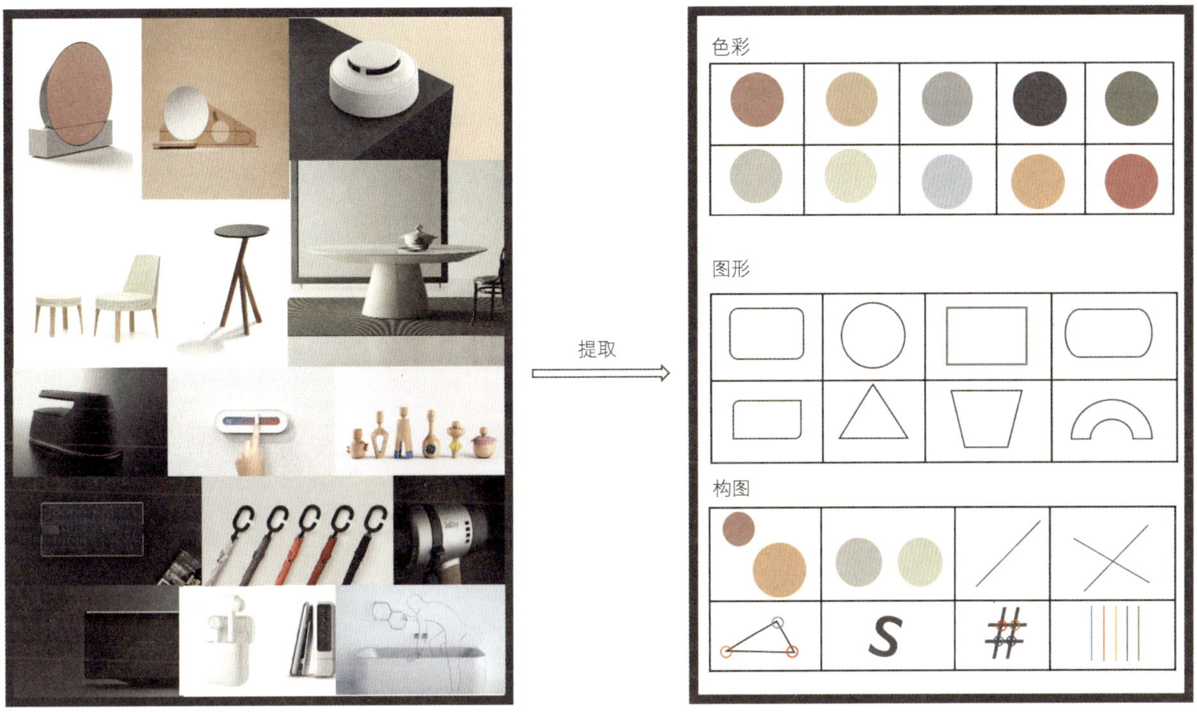

图 3-46　图形设计方案

图 3-47　界面图标的初步设计方案

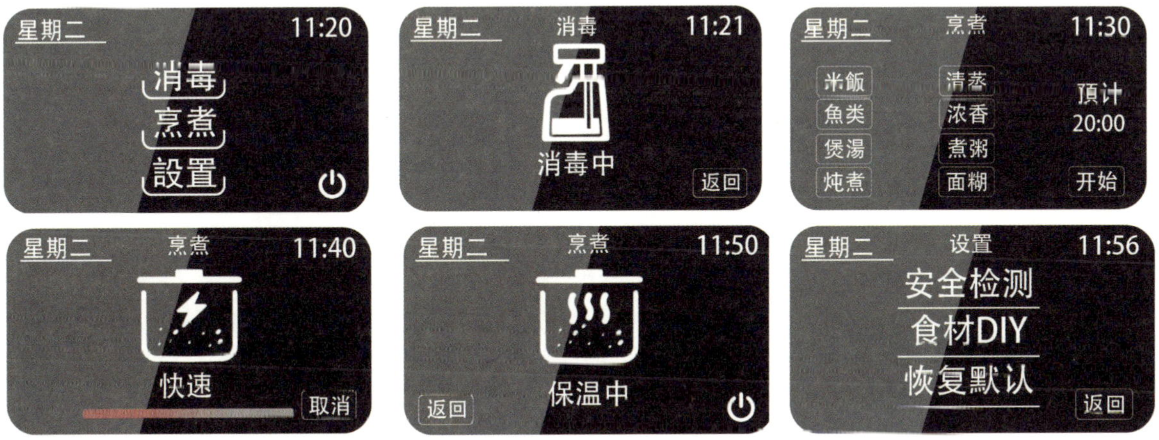

图 3-48　最终界面设计方案

图 3-49　界面在产品正面位置的布局应用

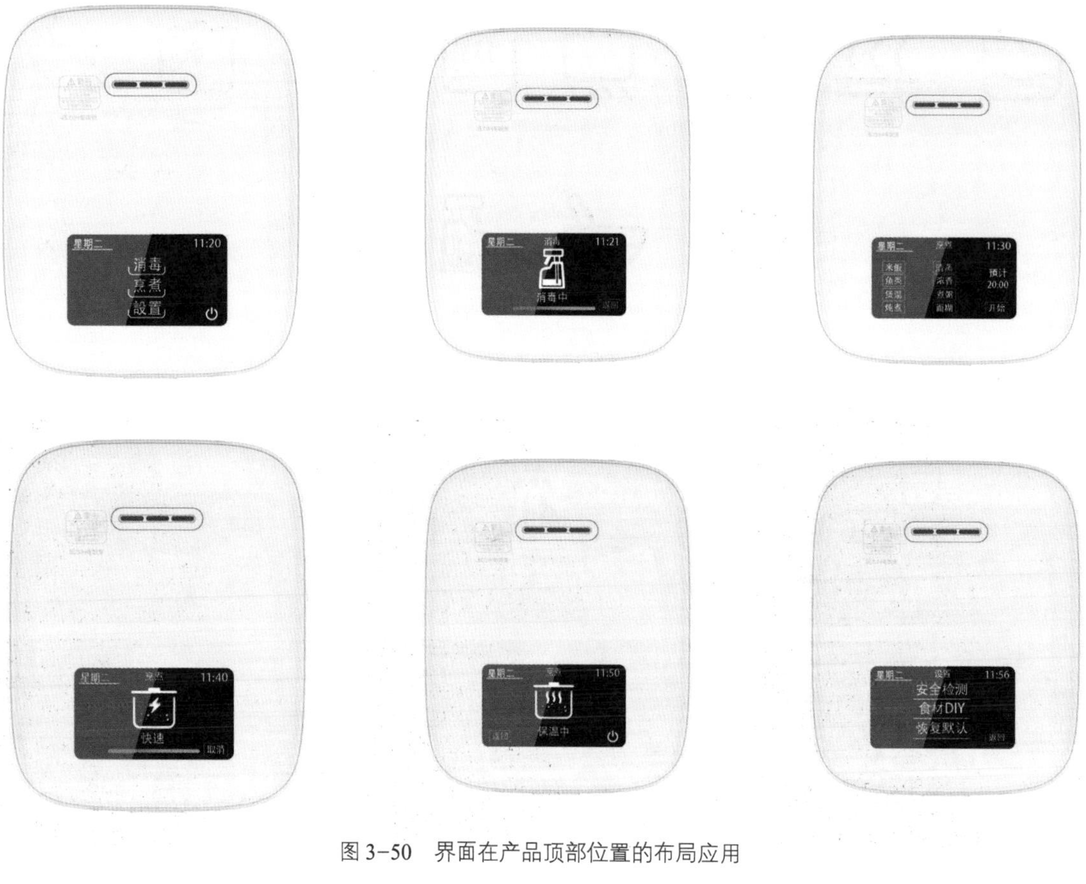

图 3-50　界面在产品顶部位置的布局应用

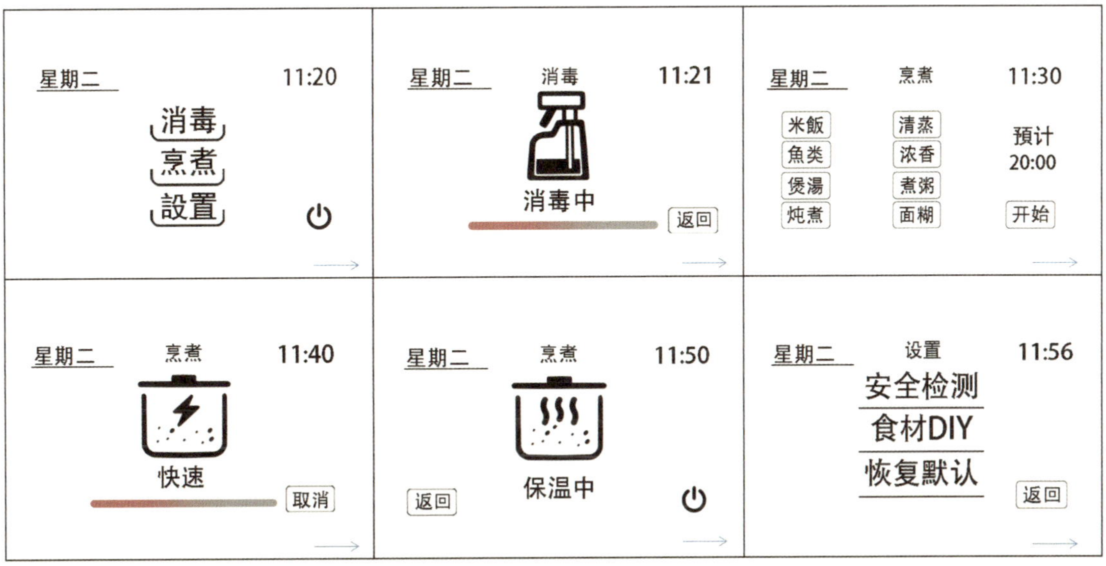

图 3-51　功能使用流程的初步设计构思

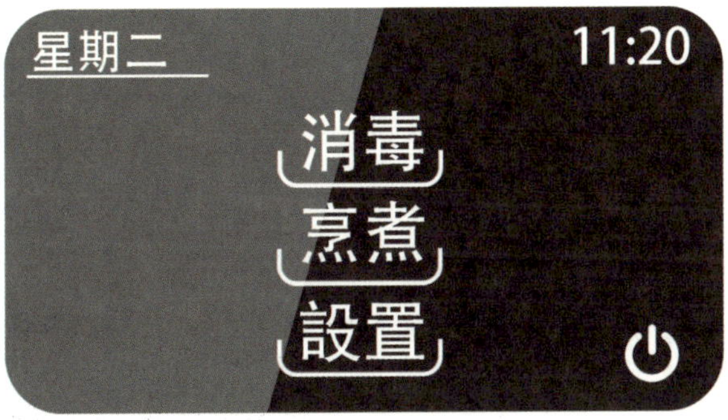

图 3-52　正式的设计方案展示

具有消毒、烹等实用功能，同时设置三种功能。

整体界面简洁明了，操作简单，既满足实用性又兼顾安全性和便捷性。特别添加了消毒功能，增强了用户对产品的信心和产品的多功能价值。

（2）二级界面的视觉设计及设计创新点

“设置”二级界面

此界面呈现了安全检测、食材DIY和恢复默认三种选项。由于考虑到使用频率，该界面的设计较为简洁。在其中，食材DIY是一个重要的用户人机交流功能，让用户能更好地发挥个性化的需求。（图3-53）

“消毒”二级界面：

以图文双重提醒方式呈现功能类型，具有极高的辨识度。采用渐变色代替时间轴，增加了界面的设计感，并配以动图形式，使界面更生动有趣。

图 3-53　“设置”二级界面

图 3-54　“消毒”二级界面

（图3-54）

“烹煮”二级界面：

以常用的两类食材和两类烹饪方式作为大类，每种分类下有按材料、火力、方式分类的四小类功能。（图3-55）

此设计让用户可以在同一界面上更简便直观地选择心仪的烹饪方式，并设有智能预估界面，方便用户掌控烹饪时间。

（3）三级界面的视觉设计及设计创新点

“烹煮”三级界面（图3-56）是工作中的界面，同样采用图文双重反馈来展示此刻的工作状态和情况。渐变色代替时间轴，使界面更具直观的信息显示。

（4）四级界面的视觉设计及设计创新点

“烹煮”四级界面（图3-57）是工作完成界面，用户可以根据自身情况选择继续烹饪或者关闭。考虑到功能的区分和用户使用习惯，返回键设计在左边，关机键设计在右边。

二、居家智能机器人

（一）实训内容

本项目旨在设计一款居家智能机器人的交互界面，主要功能包括互动交流、休闲娱乐、事项提醒等。该产品通过网络获取信息，能够进行语音交互，并拥有时间提示、测温、照明、互动多媒体等功能。具体的功能需求如图所示（图3-58，图3-59）。

（二）实训目的

了解产品需求，运用合适的界面布局，掌握有效解决功能需求的信息架构方法。

掌握界面元素与智能产品功能的对应关系。

把握界面设计风格与用户使用行为的匹配度，提升用户体验。

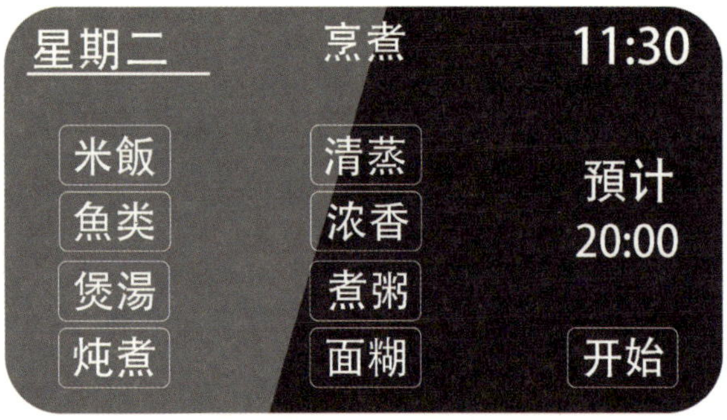

图3-55 “烹煮”二级界面

图3-56 “烹煮”三级界面

图3-57 “烹煮”四级界面

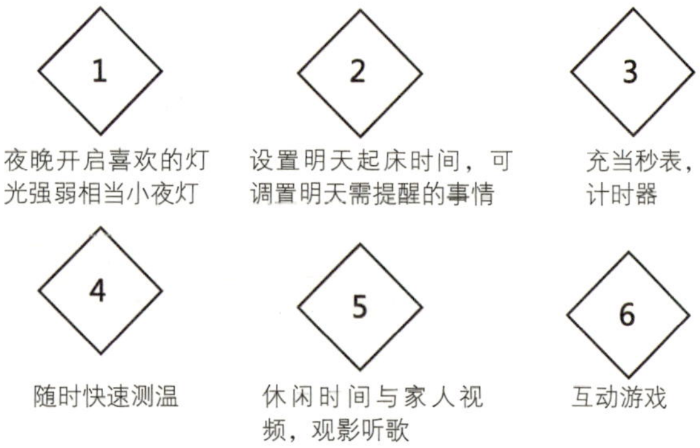

图3-58 功能需求-1

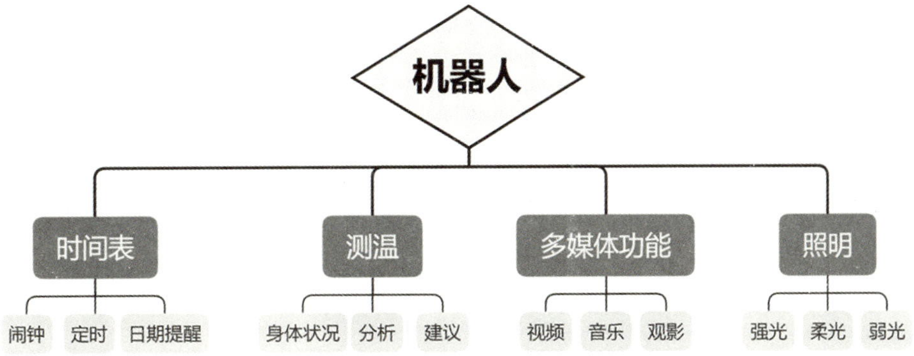

图 3-59　功能需求 -2

（三）重点

准确分析产品需求，针对现有缺点和问题提出改进方案。

根据信息架构设计出符合需求的界面设计方案，确保功能合理布局。

通过视觉表达风格，明确界面的定位、功能和美观性。

（四）难点

通过该项目的界面设计，满足智能居家机器人的功能需求和信息反馈，培养以用户为中心的设计创意能力。

（五）作业要求

第一，界面设计的创意要与智能产品的功能需求相匹配。

第二，界面设计的信息结构要合理，美观大方，制作精细。

第三，界面制作要符合智能电饭煲的生产要求。

（六）实战案例

项目名称：居家智能机器人

设计：范敏清、冯颖湄、孔达梓、黄卓豪、陈冠杰、劳同品

设计指导：胡克

1. 调研分析

项目组成员经过市场调研，归纳出市场上现售家用机器人的种类，包括专业陪护型机器人，居家休闲信息交互型机器人以及商业空间服务型机器人。（图 3-60 至图 3-62）

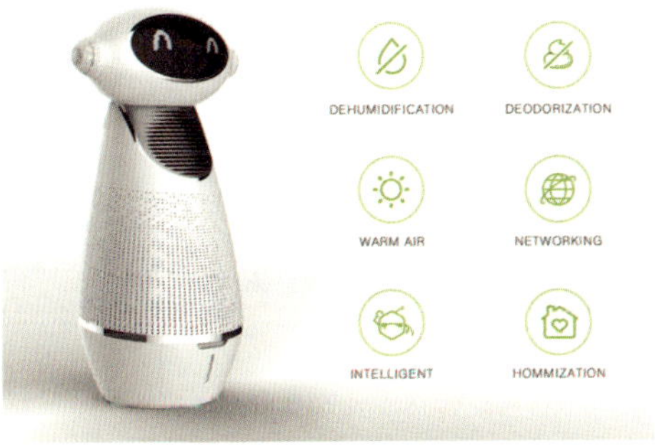

图 3-60　专业陪护型机器人

图 3-61　居家休闲信息交互型机器人

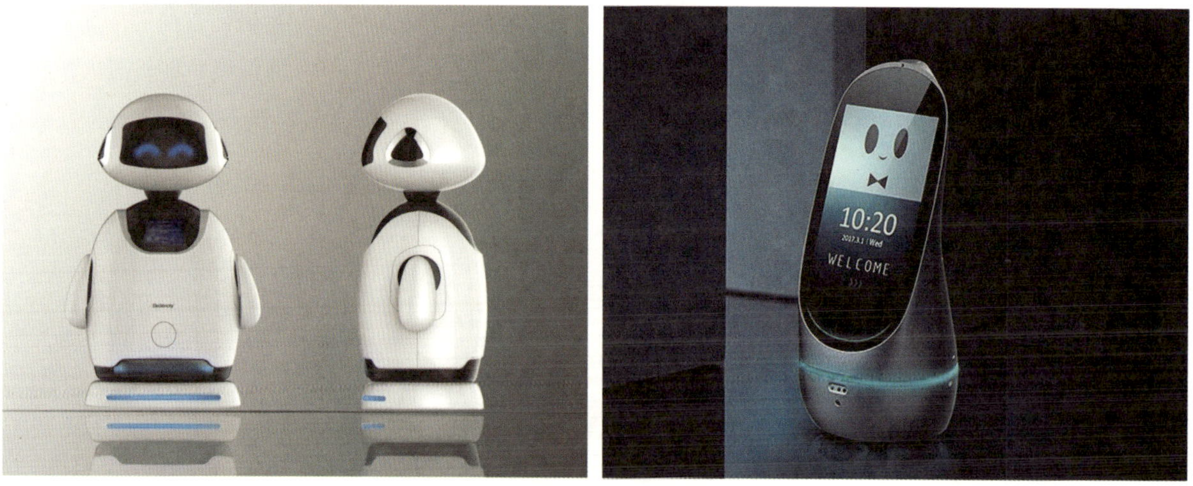

图 3-62　商业空间服务型机器人

2. 移动端控制交互界面参考（图3-63，图3-64）

3. 设计思路和关键词

本次项目在设计上考虑加入传统文化元素，使界面风格具备情感化的倾向。关键设计词如图3-65所示。

4. 情绪板

根据设计关键词的提炼，进行情绪板资料的收集（图3-66至图3-70）。

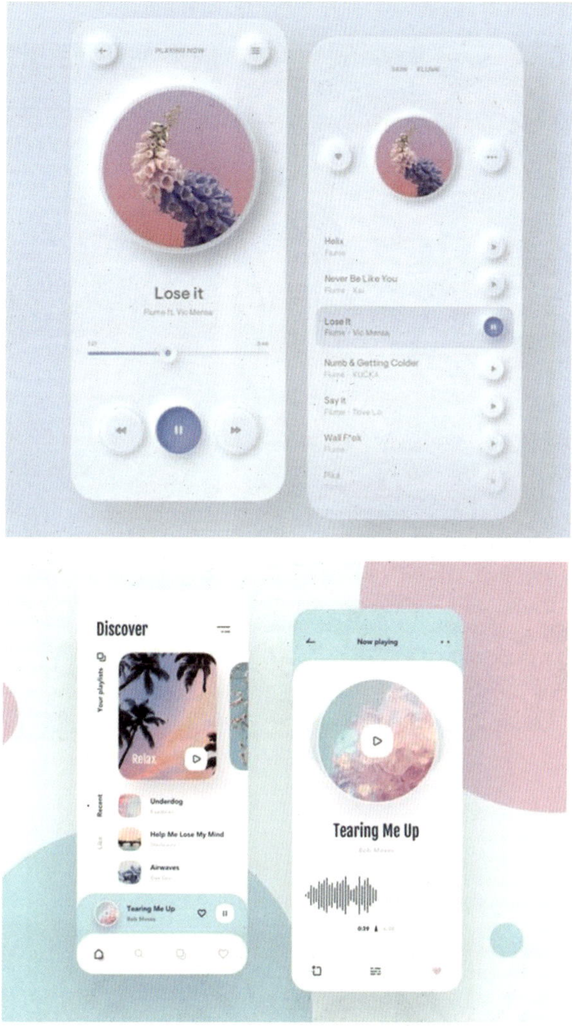

图3-64　移动端控制交互界面2

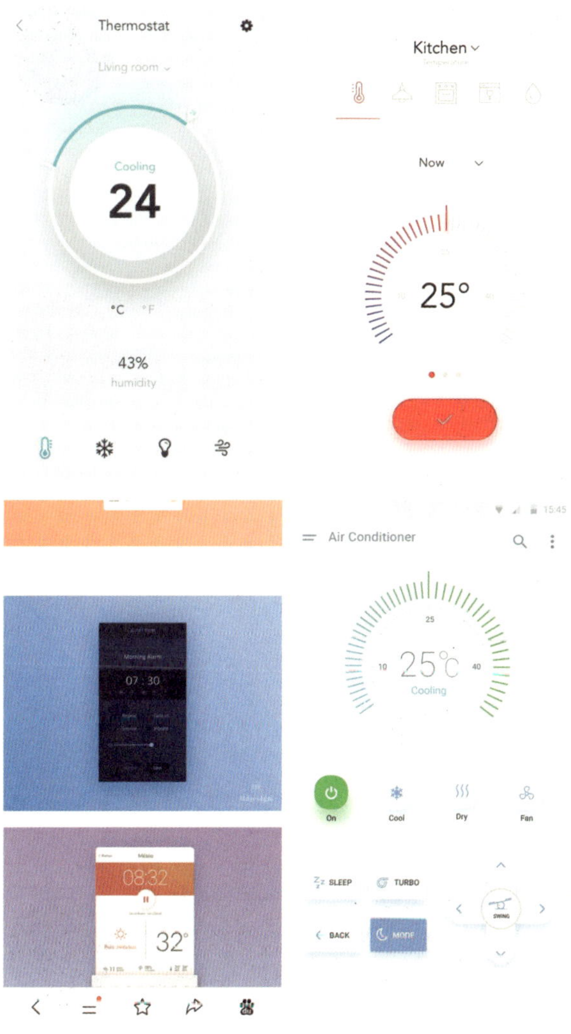

图3-63　移动端控制交互界面1

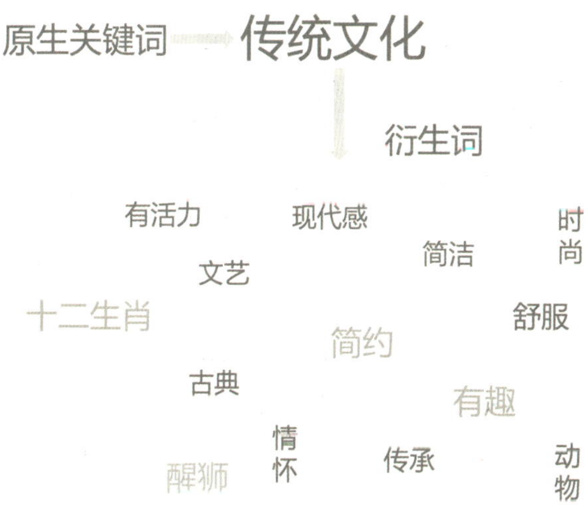

图3-65　设计创意关键词

醒狮　　　　颜色提取

图 3-66　情绪板 -1

京剧脸谱　　　　颜色提取

图 3-67　情绪板 -2

粤剧脸谱

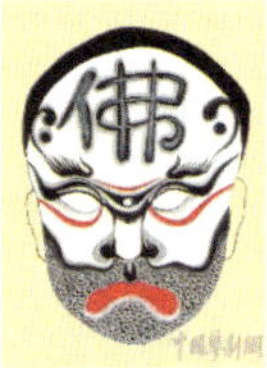
《鲁智深大闹野猪林》
鲁智深面谱

《夜斩龙渚》
龙渚面谱

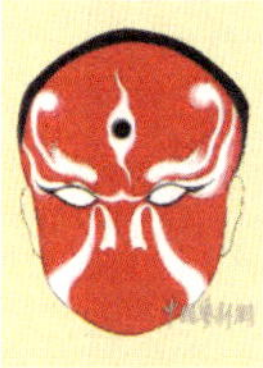
《玉皇登殿》
罗睺星面谱

《破黄沙阵》
陈金定面谱

《大反鸡林国》
盖天霸面谱

《鸿门会》
项羽面谱

《高望进表》
高望面谱

《醉斩郑恩》
郑恩面谱

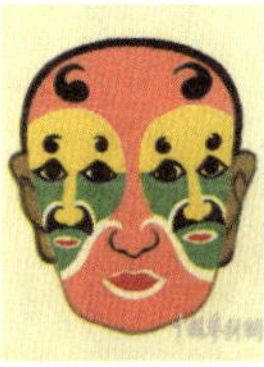
《伐西岐》
殷郊面谱

《时迁偷盗殿翎甲》
时迁面谱

《陶三秦困城》
陶三秦面谱

《被贬沙陀》
李克用面谱

《孙膑三下天台》
王诩面谱

《玉皇登殿》
计都星面谱

《钟无艳三戏齐宣王》
钟无艳面谱

《火烧竹林》
余洪面谱

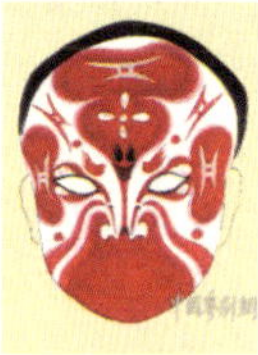
《六郎罪子》
孟良面谱

《偷龙转凤》
郭槐面谱

《火烧博望坡》
夏侯惇面谱

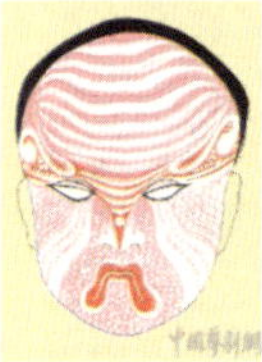
《玉皇登殿》
开天门太监面谱

《花果山》
赤尾猴面谱

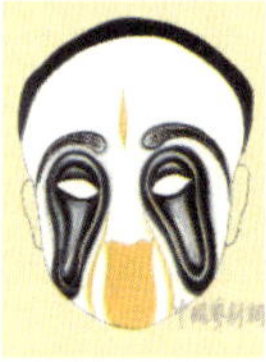
《魁星踢斗》
阎老鬼面谱

《封神榜》
玄坛面谱

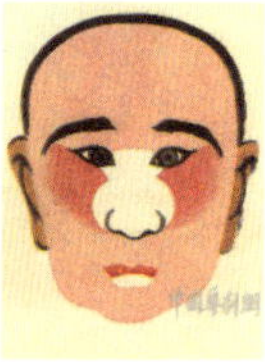
《群英会》
蒋干面谱

《打开铁丘坟讲古》
程咬金面谱

《三十六路风尘》
李元霸面谱

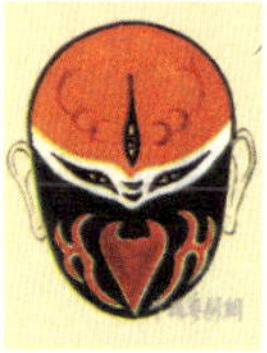
《玉皇登殿》
霸神面谱

《香花山大贺寿》
伏虎罗汉面谱

颜色提取

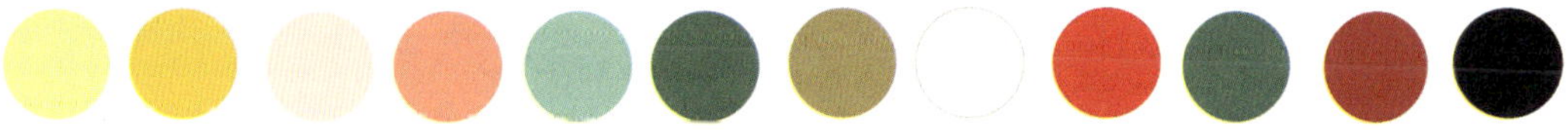

图 3-68　情绪板 -3

图 3-69　情绪板 -4

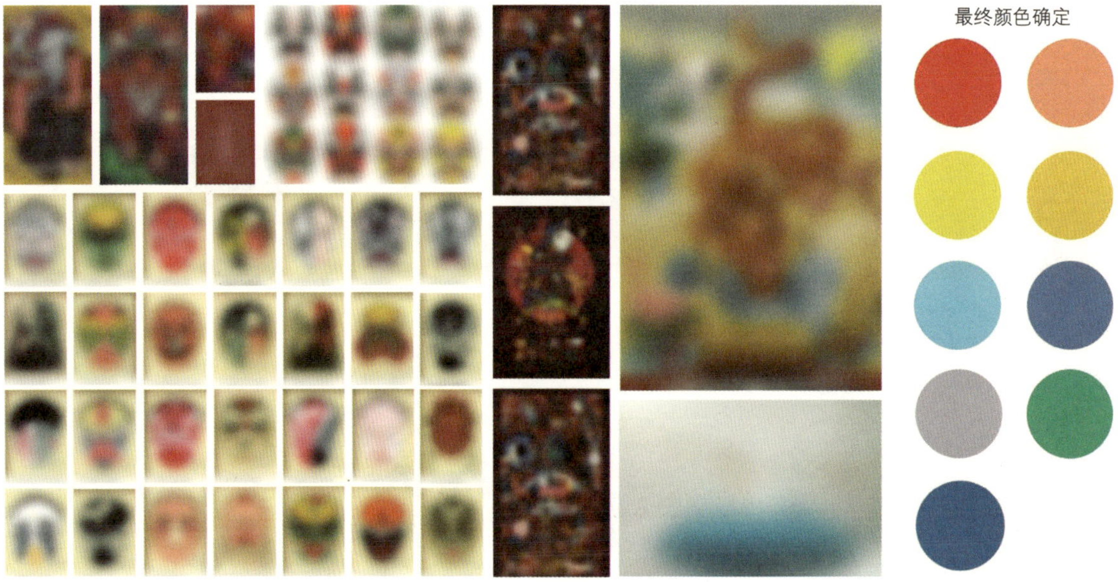

图 3-70　情绪板 -5

5.设计方案

（1）现代感风格的界面设计（图3-71）

（2）文化创意情感化的设计风格（图3-72）

三、扫地机器人APP界面设计

（一）实训内容

本项目旨在设计一款控制扫地机器人的移动

现代感界面设计

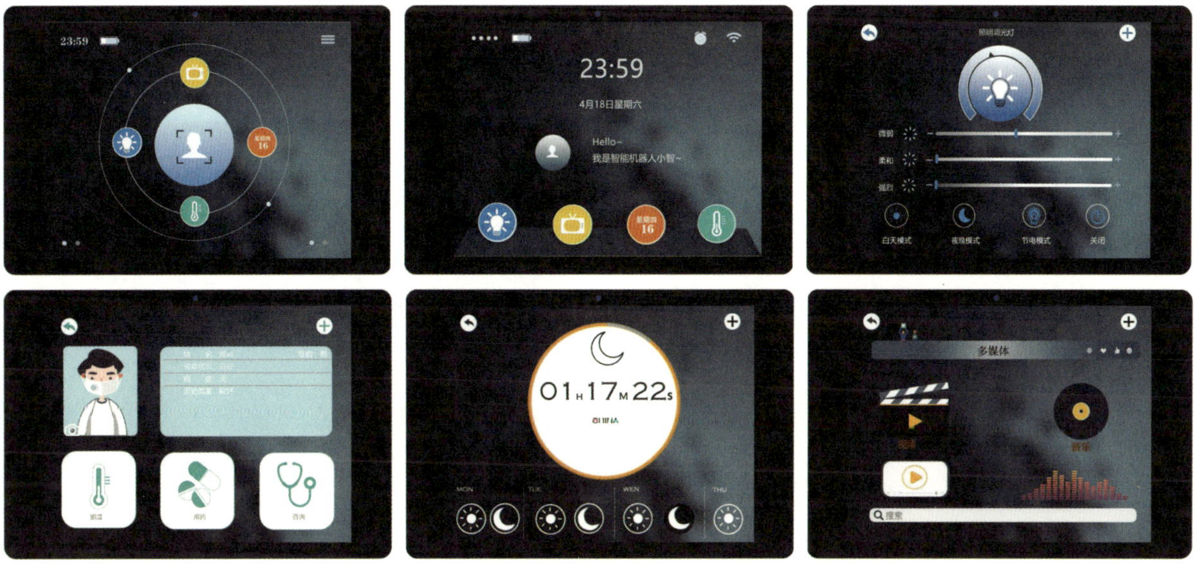

图 3-71　现代感界面风格设计

文创风界面设计

图 3-72　文化创意情感化界面风格设计

端APP用户界面。该产品可通过移动终端APP实现局域网或互联网远程控制，用户可通过APP进行信息反馈、控制设定、室内工作场景和场地的测量与设定等操作。用户和机器人的交互也将通过该

APP实现。

（二）实训目的

第一，针对产品需求使用合适的界面布局，掌握能有效解决功能需求的信息架构。

第二，掌握界面元素造型对传递互动信息的方法。

第三，培养以用户为中心的设计思维，重视用户体验。

第四，将中国元素融入界面设计中，探索专业课程思政的实践应用。

（三）重点

第一，准确分析市场已有产品的优缺点，并提出针对性的改进方案。

第二，根据信息架构设计出符合需求的界面设计方案。

第三，通过视觉表达体现界面的定位、功能和美观性，并在界面中融入中国元素。

（四）难点

通过界面设计满足智能产品使用功能和提升用户体验的同时，将中国元素融入界面设计当中，构建专业课程思政的实践运用。

（五）作业要求

第一，界面设计的创意表达符合设计概念所提出的目标要求。

第二，界面设计信息结构合理、美观大方、制作精细，能有效满足功能需求。

第三，界面制作要符合智能扫地机器人的生产要求。

第四，将中国元素融入界面设计当中。

（六）实战案例

项目名称：扫地机器人APP界面设计

设计：蔡金合、梁静雯、区幸滢、卓才仁、钟佳荧、黄舒然

设计指导：胡克

1.调研分析

智能化的扫地机器人是当今备受家庭青睐的实用型智能家电产品，其普及程度不断提升。这类机器人可通过移动终端APP实现局域网或互联网远程控制，包括信息反馈、设定控制、室内工作场景和场地测量等功能。用户与机器人的主要交互方式也是通过APP进行。因此，APP界面设计具有非常重要的意义。作为界面设计师，需要针对实体产品在软硬件上进行市场调研，并对用户行为进行多元化的分析。

此项目还对市面上的同类竞争产品进行了调研，如小米、爱兰仕、海尔等扫地机器人。例如某品牌的扫地机器人可以自动适应不同室内环境和地板材质的清扫需求。机器通过对室内环境进行地形扫描和建立清扫面积地图，能够识别环境状况并智能计算最佳清扫运行轨迹，考虑到室内建筑结构的差异，从而高效进行清扫工作。（图3-73）

综合上述调查研究分析，可以得出使用智能扫地机器人的用户主要集中在25岁至32岁之间，大

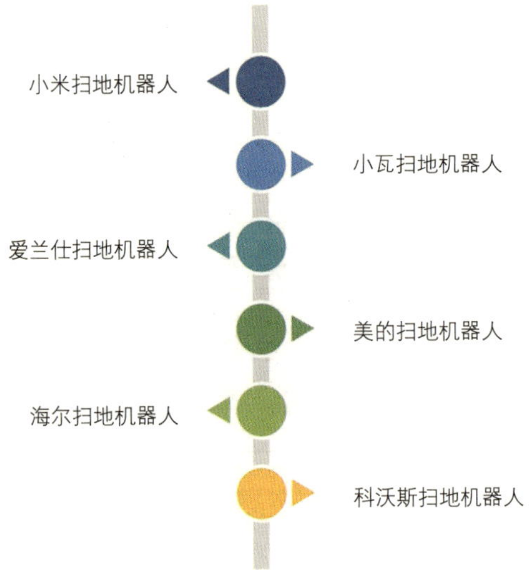

图3-73　竞品罗列和分析

多是都市白领或收入水平相对稳定的两口之家。他们更喜欢简约、现代科技感的设计风格，希望产品的配色使用黑色、白色、灰色等单色调，以与家居装修风格协调，并具有良好的色彩协调性。在操作方面，产品设计应融入智能化和情感化元素，充分考虑用户对智能扫地机器人显示数据信息易读性的要求。因此，通过移动端APP的操控设计，用户可以更便捷地远距离掌握机器人的运行状态和设置，从而实现智能化和愉悦的操作体验。情感设计方面，创新地运用“扫地僧”这一角色造型作为引导，将枯燥乏味的数据显示隐藏在场景界面之中，增强用户对智能扫地机器人的使用乐趣和体验。

2. 情绪板的设计制作

扫地机器人的移动端APP控制界面采用温暖的相邻色系进行设计，营造出温馨而充满亚热带家居风格。同时，将岭南庙宇的建筑风格运用到界面的背景图形中，使界面带上本土元素。

（1）APP功能架构图（图3-74）

（2）关键词

简约、僧人、寺庙、童趣、自然。（图3-75至图3-80）

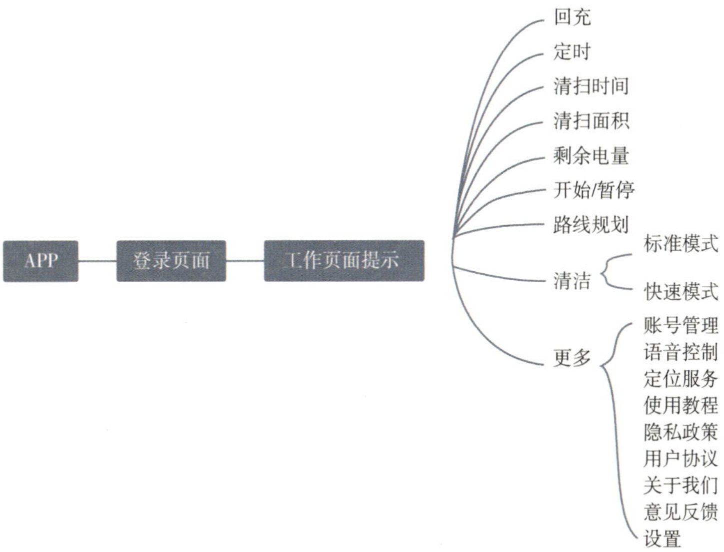

图3-74 信息架构

图3-75 情绪板设计-1

图 3-76　情绪板设计 -2

图 3-77 情绪板设计 -3

图 3-78　情绪板设计 -4

图 3-79　情绪板设计 -5

图 3-80　主界面设计和配色

3. 设计创新点

第一，以卡通漫画“扫地僧”的形象作为 APP 应用的主角色和引导角色。

第二，采用岭南建筑风格营造幽默温馨的移动端使用场景，使每次使用都是有趣的体验。

第三，隐藏烦琐的数据信息，仅保留必要的直观展示，减少繁杂信息对用户体验的影响。

第四，提供可选择的界面主题和配色，丰富用户的视觉感受，增强愉悦的体验。

4. 主界面设计和主配色

扫地机器人的移动端 APP 控制界面采用扁平化风格进行创新设计，摒弃了过于数据化的界面，

仅保留大数据信息的显示，有效地提升了用户的体验新鲜感。(图3-81，图3-82)

在用户打开APP界面时，就如同翻开一本“武功秘籍”，展示智能扫地机器人的各种功能，为用户增添幽默而有趣的操作体验。

5.界面设计总览（图3-83）

为满足用户探索和追求个性的需求，APP界面提供不同风格的选择，以线框和插画形式为居家清洁的枯燥工作增添艺术气息。在长期的使用中，单一主体和画风的界面无法满足用户的需求，因此本项目的APP界面增加了一套不同风格的界面供用户选择。

四、“输液”监控和管理应用

（一）实训内容

第一，以前期课程的医疗产品设计为切入点，围绕“输液”这一过程作为设计方向。

第二，进行“输液”数据的调研以及相应应用方面的界面设计。

图3-81 文化创意风格界面设计 -1

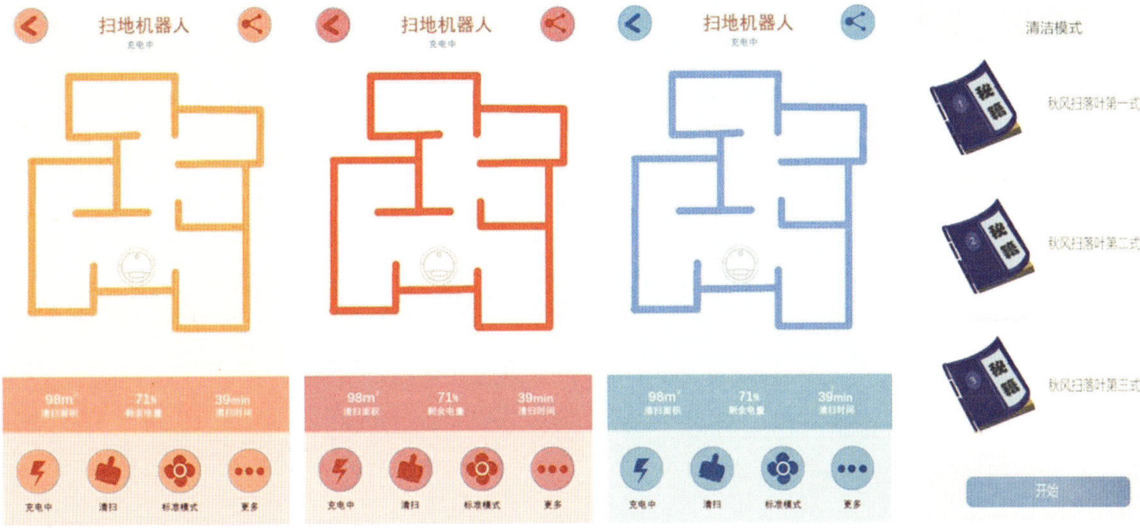

图 3-82　文化创意风格界面设计 -2

图 3-83　文化创意风格界面设计 -3

（二）实训目的

第一，对用户的使用行为特点进行梳理研究。

第二，针对用户需求使用合适的APP界面布局，掌握能有效解决功能需求的信息架构。

第三，掌握APP界面互动信息反馈的方法。

（三）重点

第一，正确分析市场已有APP的优缺点，针对缺点与存在问题提出改进方案。

第二，根据用户行为习惯构建信息架构。

第三，界面中的信息传达清晰准确。

（四）难点

通过界面设计满足智能产品专业性较强的使用功能和提升用户使用体验。

（五）作业要求

第一，界面设计的创意表达符合设计概念所提出的目标要求。

第二，界面设计信息结构合理、美观大方、制作精细，能有效满足专业性较强的功能需求。

第三，界面制作符合“输液”APP移动端适配要求。

（六）实战案例

设计项目：“输液”监控和管理APP界面设计

设计：李家豪、郭宇萱、梁泓聪、陈锦雄、廖欢

设计指导：胡克

1.调研分析

本项目通过线上和线下的调研，收集了一系列的数据：

（1）输液人群

从图中数据看出，小孩和老年人所占的比例较高，年轻人相对较少。（图3-84）

（2）输液的时长

调研发现，输液时长以1小时到2小时所占比例最多。（图3-85）

（3）输液期间的活动

数据表明，在输液期间，最多的行为举动是上厕所、玩手机和聊天。（图3-86）

（4）输液时是否有人陪伴

根据数据显示，输液时无人陪伴占比多数，达55%。（图3-87）

（5）输液时是否知道剩余的时间

在输液过程中，90%的患者需要询问护士才能了解输液时间，只有10%自己能够了解。（图3-88）

（6）输液时是否有焦躁不安的情绪

在输液的过程中，患者出现焦躁不安的情绪阶段往往最多集中在针头穿刺的时候，达60%，这也

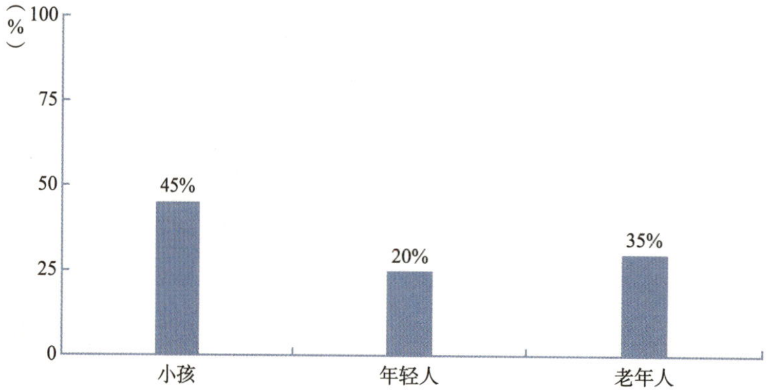

图3-84　输液人群统计

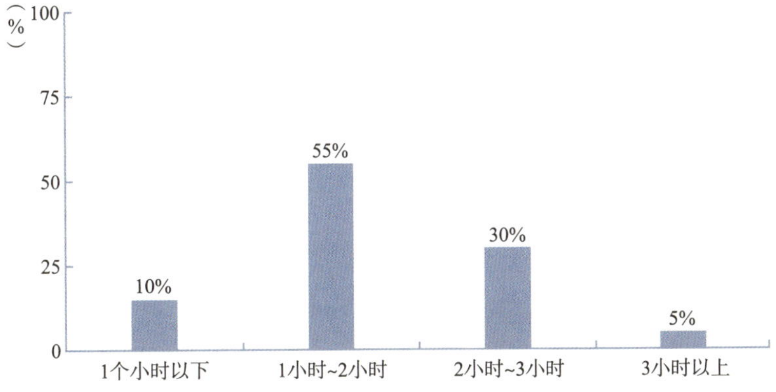

图 3-85　输液时长统计

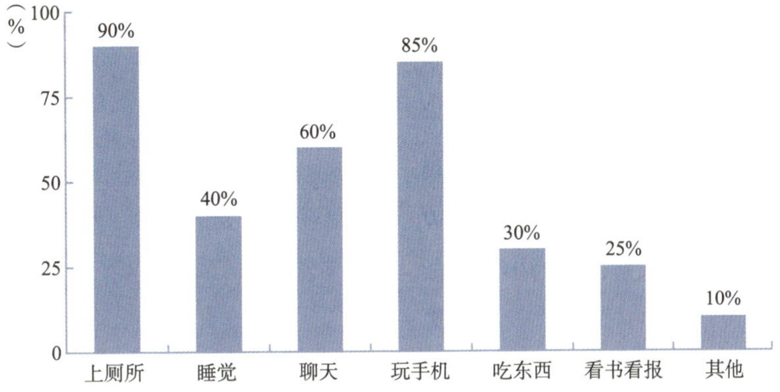

图 3-86　输液期间的活动统计

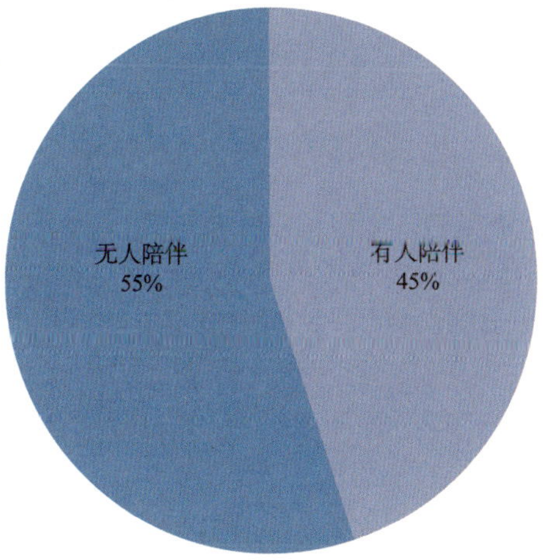

图 3-87　输液有无人陪伴统计

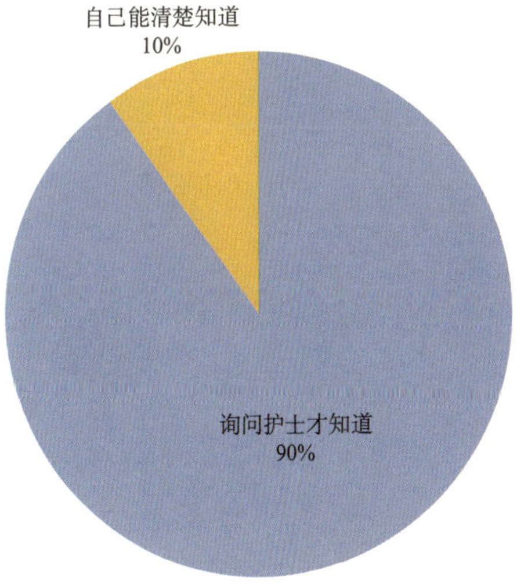

图 3-88　对输液时长的了解统计

是影响输液过程情绪的重要因素。（图3-89）

（7）根据输液的过程梳理出流程图

流程包括输液—核对医嘱—评估病人—评估环境—用物准备—检查药物—准备药液—核对解释初次排气—皮肤消毒—静脉穿刺—固定留置针—调节滴速—记录等环节。（图3-90，图3-91）

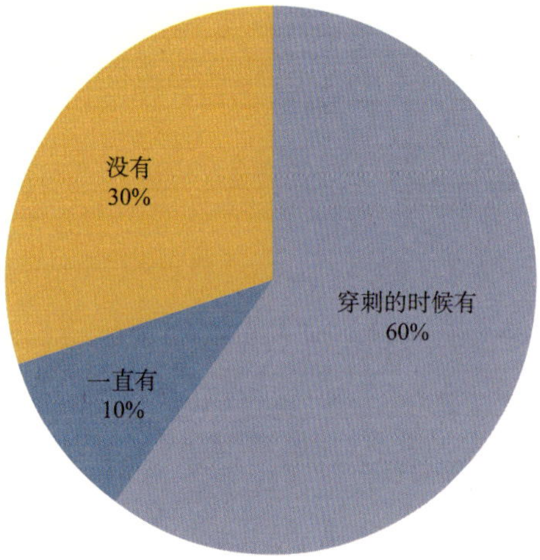

图 3-89　输液过程的情绪统计

2. 设计思路和关键词

（1）设计思路

本项目以网络平台为支撑，扫二维码关注公众号，可了解病人输液剩余情况，药液为10%，公众号可以向家属发送信息。（图3-92）

（2）关键词

经过项目组成员的头脑风暴，主要关键词包括：有趣，让输液过程不再枯燥；暖心；人文关怀；陪伴；便携；安抚，舒缓焦躁不安的情绪。（图3-93）

（3）根据主要关键词，设计出衍生关键词

有趣衍生出“视觉映射”“心境映射”和“物化映射”三个领域，“好玩、灵动、开心、童真、简洁、明亮、直击心灵、突出重点”“安慰人心、感觉度、平静、超前、清爽、宁静的夏天、阳光明媚”和“天线宝宝、海绵宝宝、生气的章鱼、跳舞的水母、北极熊、帝企鹅、白色的天空”成为这三个范畴的具体对应衍生关键词。（图3-94）

“便捷”则在上述三个范畴衍生出“小巧玲珑、通俗易懂、赛博朋克、速度、白色、透明、随时随地”“舒服、暖心、安全、贴心、安心”和“滴滴、动漫、闪电侠、快银、海底捞、摩拜”等衍生关键

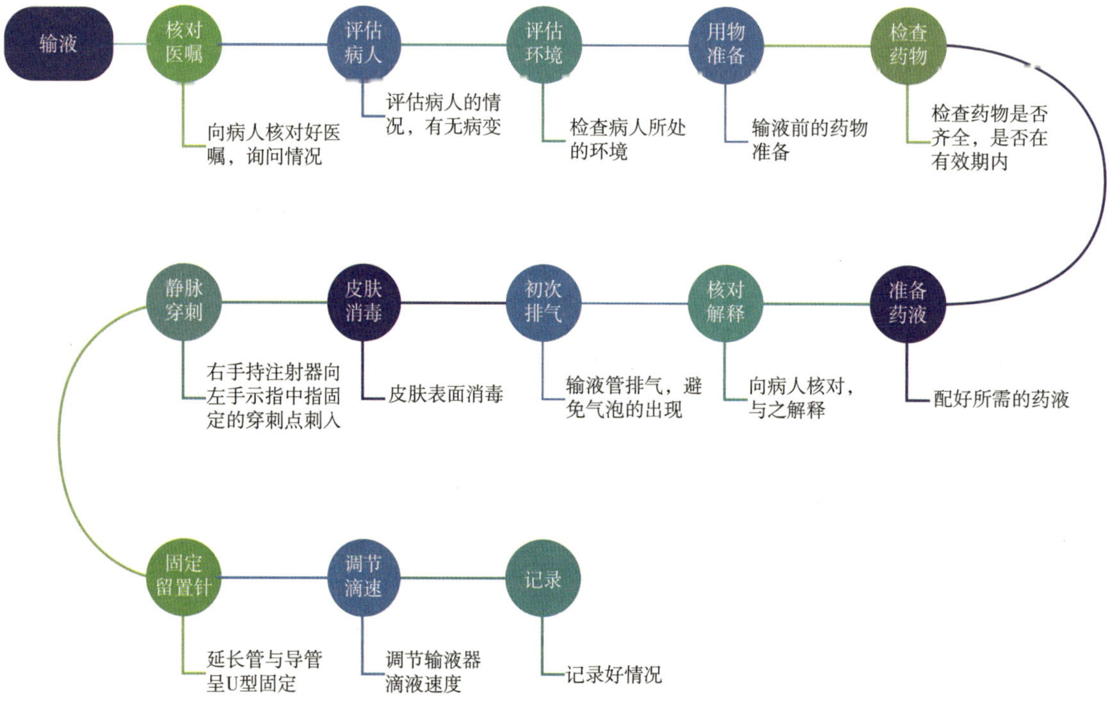

图 3-90　输液流程展示 -1

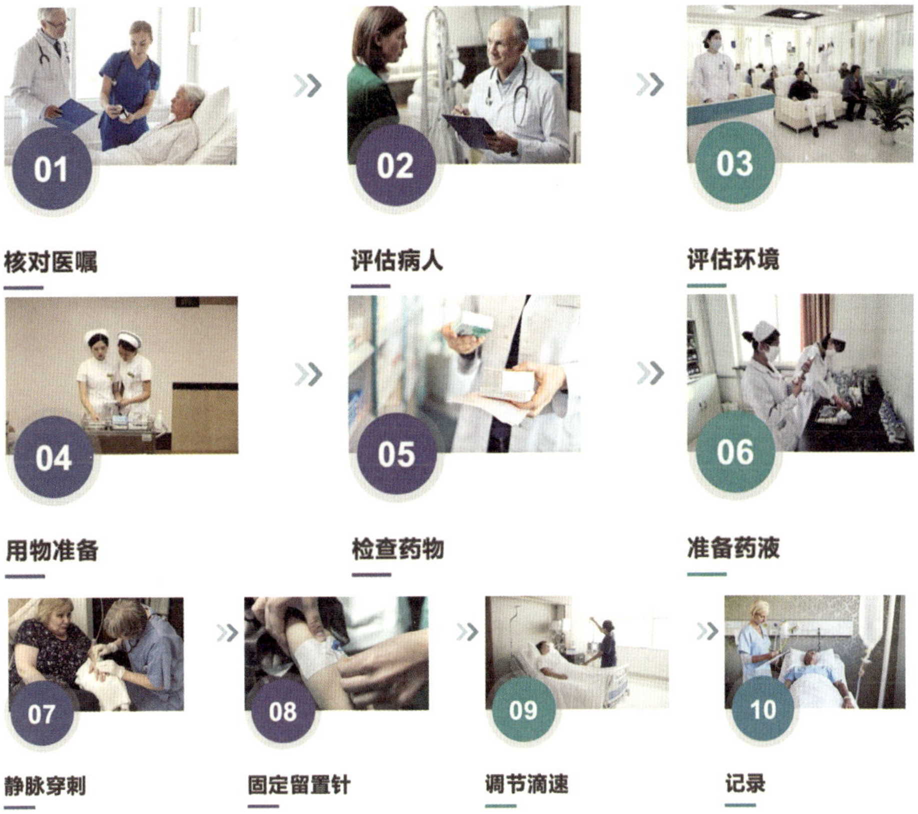

图 3-91　输液流程展示 -2

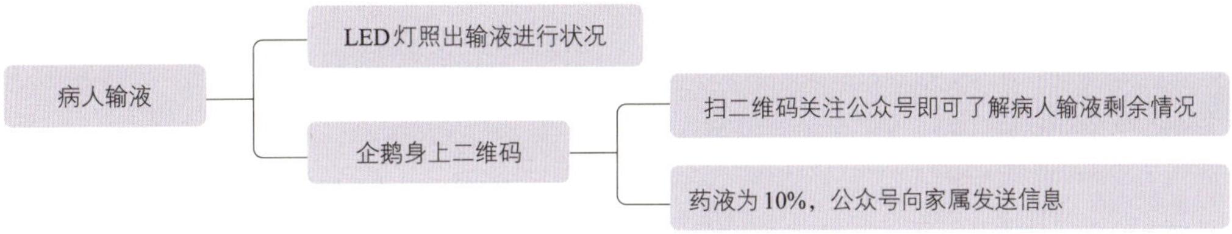

图 3-92　设计创意思路

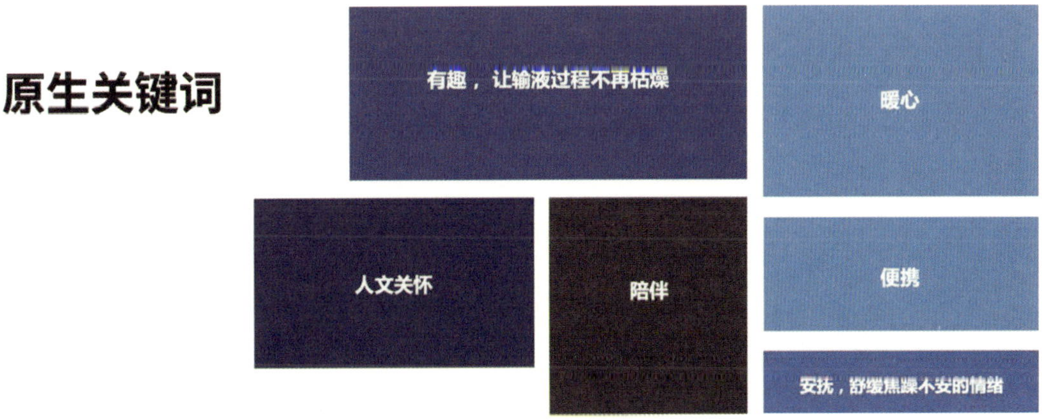

图 3-93　设计创意关键词

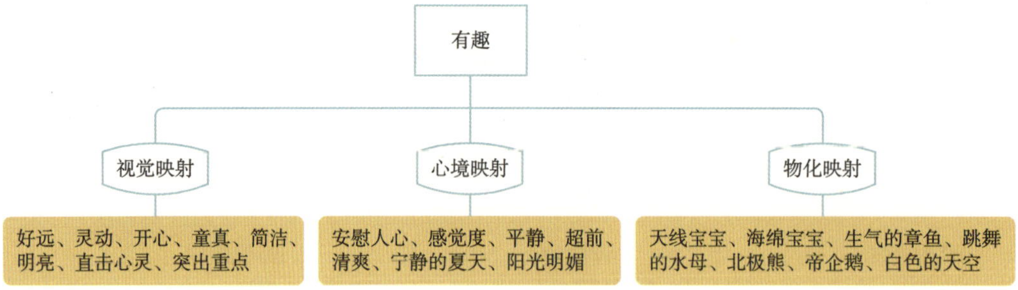

图 3-94　衍生关键词 -1

词。（图3-95）

“陪伴”则在上述三个范畴衍生出“家、炊烟、贴心、人性化、暖色系、明亮、暖灯”“晚霞、七月的风、八月的雨、雨过天晴、十月的夕阳、明朗、环绕”和“手机、电脑、游戏、厨房、床、音乐、袋鼠”等衍生关键词。（图3-96）

3.情绪板的设计制作

（1）有趣

收集到卡通、轻松有趣的姿态等图片素材。（图3-97）

（2）便捷

收集到速度、高铁、快艇等主题的图片素材。（图3-98）

（3）陪伴

收集到以陪伴为主题的素材图片。（图3-99）

（4）情绪板色彩提取和归纳

通过对有趣、便捷和陪伴等的关键词的情绪板色彩提取，我们归纳出三种主要使用的颜色。（图3-100）

4.设计方案

（1）交互线框图的设计

线框图是每个页面中相应功能及链接的路径去向关系图，是评估上下文逻辑关系的重要手段，是APP功能应用是否合理的评估标准。例如，本应用

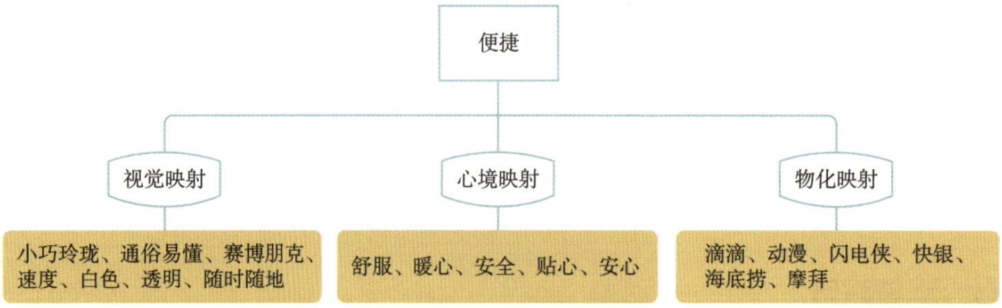

图 3-95　衍生关键词 -2

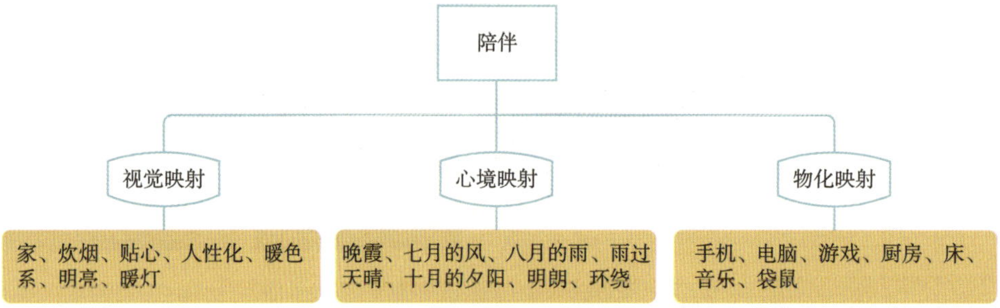

图 3-96　衍生关键词 -3

图 3-97　素材收集 -1

图 3-98　素材收集 -2

在输液时流程显示与控制、输液时间控制等需要患者注意的信息内容显示，稳定输液患者情绪，提升输液过程的用户体验功能。(图3-101，图3-102)

（2）图标的设计创意（部分）

图标的设计思路：依据情绪板设计出的色彩计划，运用到图标的设计当中。并使用大量医疗设施

图 3-99　素材收集 -3

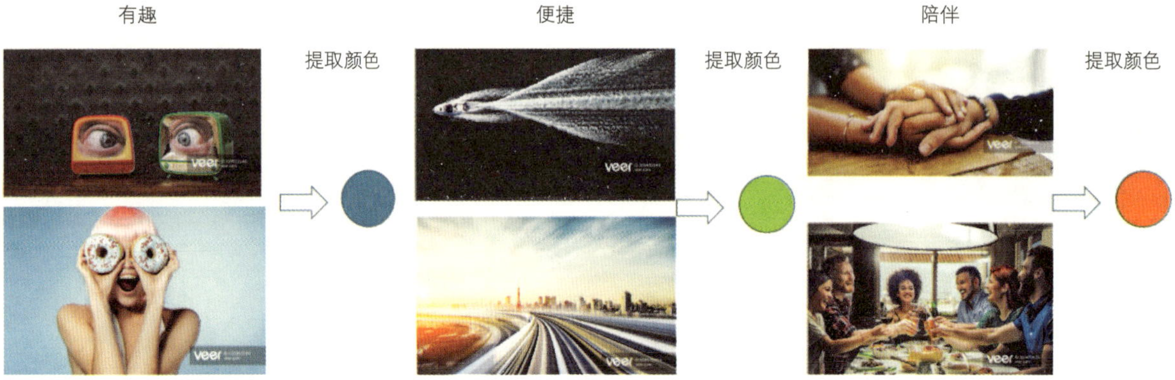

图 3-100　归纳出三种主要颜色

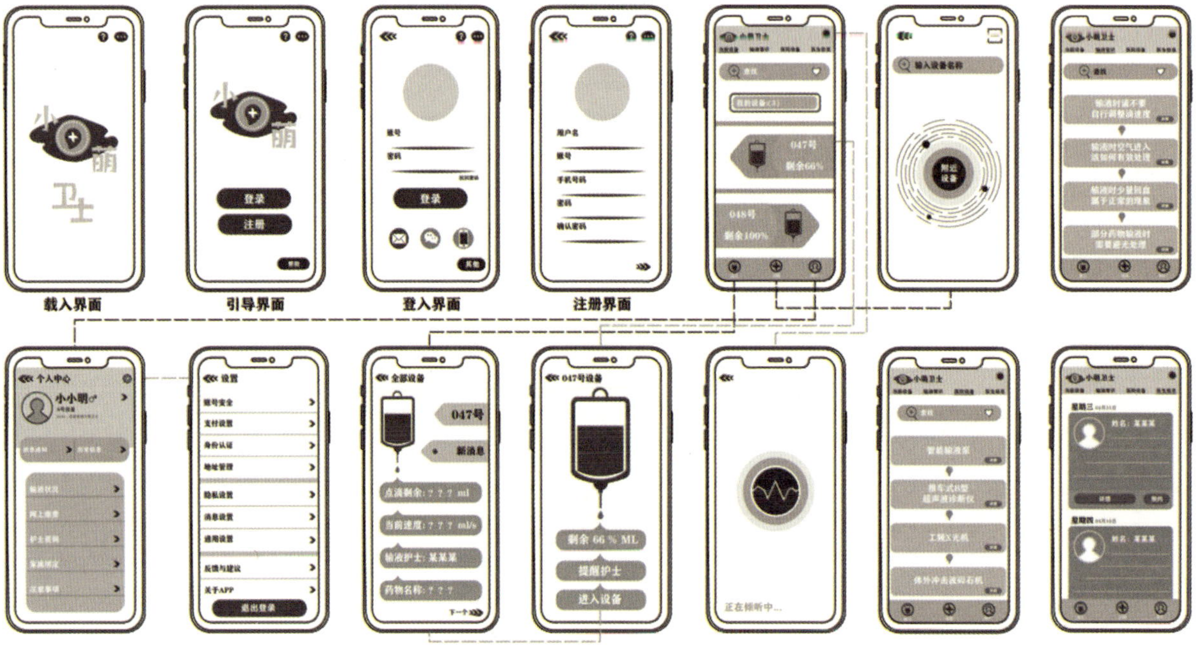

图 3-101　交互线框图的设计 -1

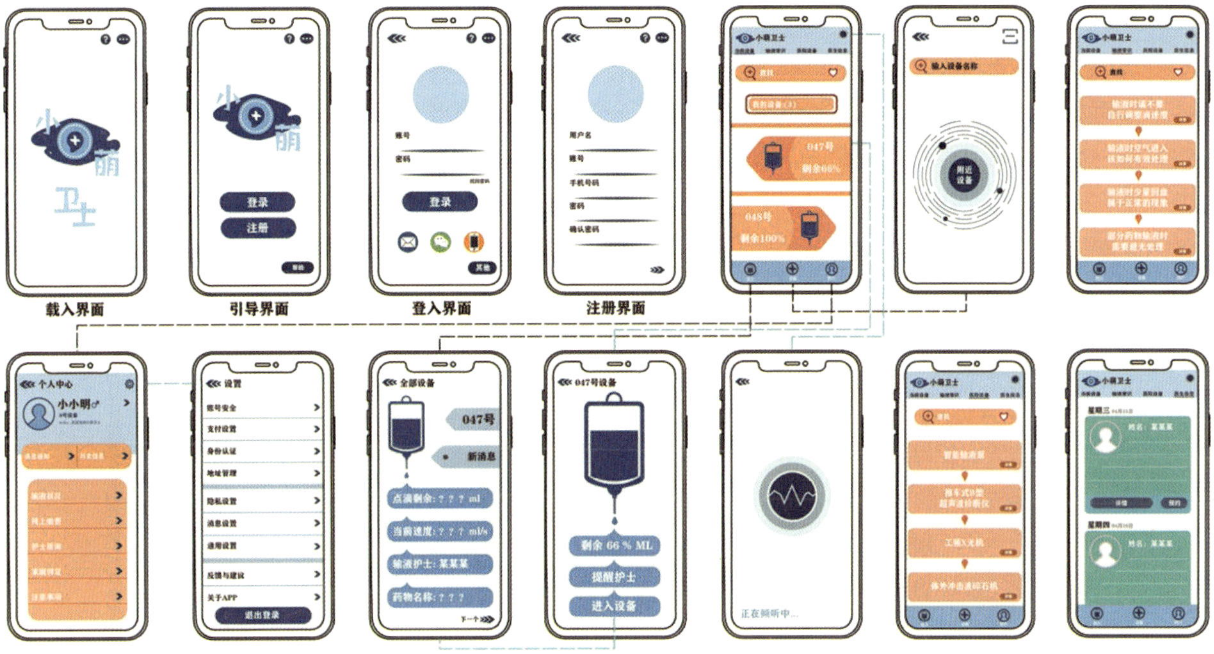

图 3-102　交互线框图的设计 -2

的元素，如输液袋、心电图、针筒等，使图标的设计风格统一，在色彩和元素运用方面突出医护风格。（图3-103，图3-104）

（3）设计创意介绍

“小萌卫士”医疗小程序，尽管医疗方向的界面设计有很多，但对于经常用到和功能单一的输液方面来说仍然很少。该应用就是针对上述内容所提及的用户痛点进行了相关的设计，以求让患者在接受输液的过程中体验得更好。

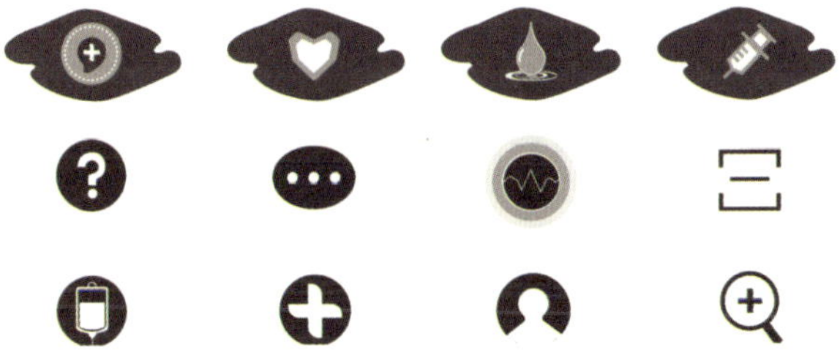

图 3-103　图标创意设计　1

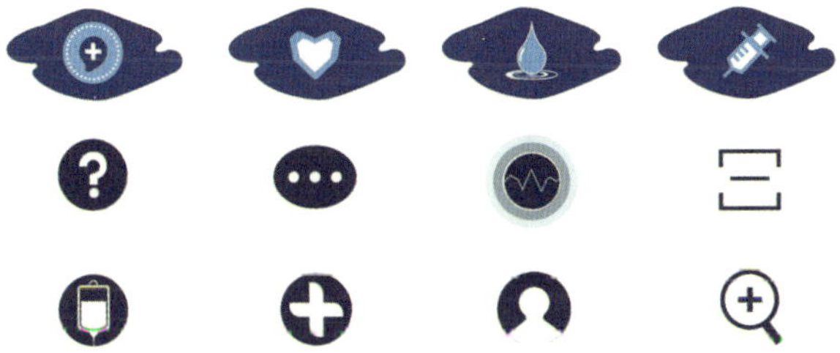

图 3-104　图标创意设计 -2

启动页面以双手呵护的姿势组合成启动图标，APP分主色2个和辅助色2个，并标明标准的用色色值，方便后续页面用色的规范使用。（图3-105）

5.界面设计

（1）首页

卡片式滑屏，可以引导用户主动获取信息。同时可兼顾多台设备，便于家长对孩子的照顾。内容

图 3-105　界面色彩计划

清晰突出，能最大限度地快速浏览。（图3-106）

（2）与设备的互动

点击放大输液瓶，突出时间，让用户一目了然，缩小可浏览相关信息。在用户点进来的瞬间，第一个弹出的是放大的输液瓶，获取信息，往下滑缩小界面，弹出信息。（图3-107）

（3）个人设定

往下拉显示个人的全部信息，缩回则显示更多与个人相关的信息。另外家属可根据需要，绑定与之相关的亲属。（图3-108）

（4）整体界面展示（图3-109）

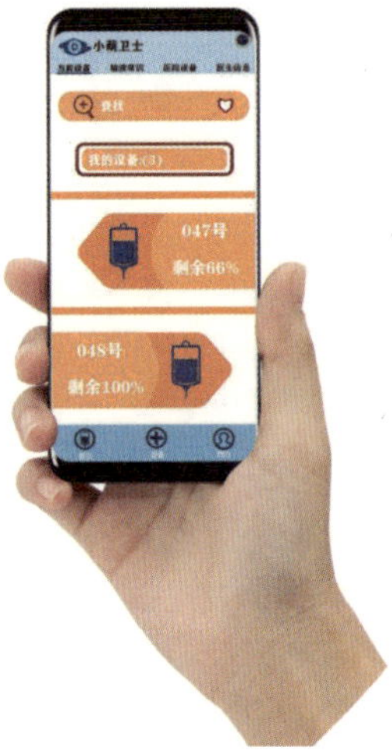

图3-106　首页界面设计

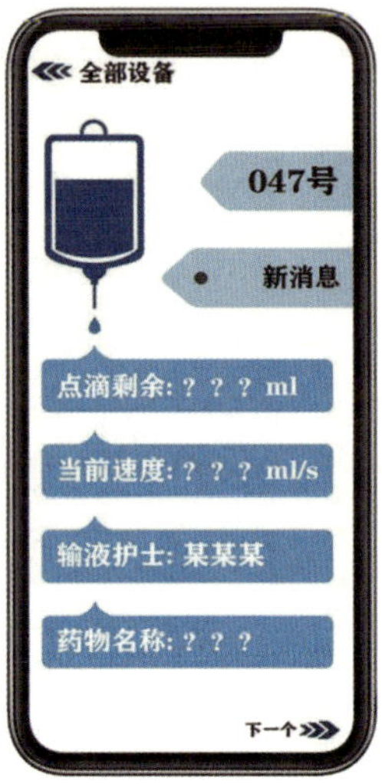

图3-107　与设备互动的界面

图3-108　个人设定界面

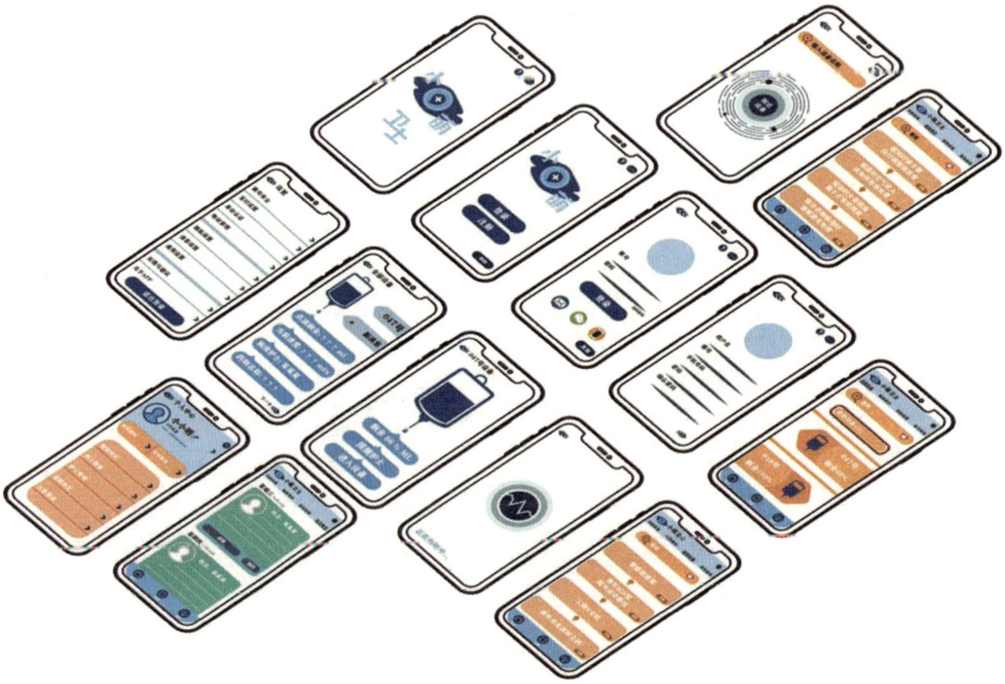

图3-109　整体界面展示

五、个人随身物品消毒盒产品界面设计

（一）实训内容

随着卫生健康观念的增强，消费者对自身携带物品的消毒和灭菌需求愈发强烈。传统简单的酒精、消毒液喷洒方式已无法适应各种结构复杂的物品（如电子产品、智能设备、可穿戴设备等）的有效消毒需求。这种消毒方式可能导致损坏被消毒物品的外壳、显示屏或内部零件。因此，需要设计一种通过电驱动的随身物品杀毒产品，并对产品操作界面进行设计与应用。

（二）实训目的

第一，针对产品需求，使用合适的界面布局设计，构建信息架构，提升用户使用体验。

第二，掌握界面设计在产品上的运用方法。

第三，培养以用户为中心的设计思维。

（三）重点

第一，正确分析市场已有产品的优缺点，针对缺点和存在问题提出改进方案。

第二，根据信息架构设计出符合需求的界面设计方案。

第三，通过视觉表达体现界面的定位、功能和美观性。

（四）难点

通过界面设计满足该智能产品的使用功能，构建以用户行为为依据的设计创意。

（五）作业要求

第一，界面设计的创意表达符合设计概念所提出的目标要求。

第二，界面设计信息结构合理、美观大方、制作精细，能有效满足功能需求。

第三，界面制作符合个人随身物品消毒盒产品的生产要求。

（六）实战案例

设计项目：个人随身物品消毒盒产品界面设计

设计：汤浩源、王丹纯、郭子清、李航旭、欧泽成、谭海琳

设计指导：胡克

1. 调研分析

在开始设计工作之前，我们对消毒设备进行了市场调研，了解用户的基本行为和产品界面的使用流程，发现不同产品各有优缺点。（图3-110）

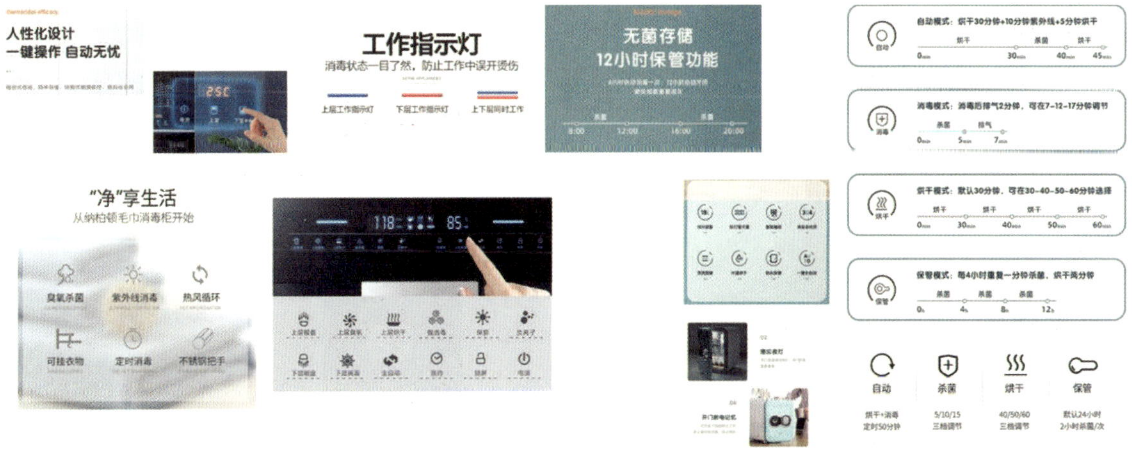

图 3-110　市场调研

2. 设计思路和关键词的提出

经过分析和梳理，我们构建了产品的使用流程：放入手机－点击开始－选择消毒模式－选择消毒时间－开始消毒－消毒中－消毒完成－点击确定取出手机。（图3－111）

通过头脑风暴，我们产生了相应的设计关键词。（图3－112）

其中包括消毒页面、快速、简洁、方便、消毒样式、有趣、声控、操作简单、安全、群体、人群风格、智能、光、时间轴、陪伴、无记忆断电、紫外线、干净、科技感、荧光、健康等关键词。并且按照“视觉映射”“心境映射”“物化映射”的分类进行辅助关键词的延伸。（图3－113）

3. 情绪板的设计制作

从核心关键词中筛选出合适的色彩方案，通过图片搜集与分析，我们最终确定了浅海绿色、中海绿、砖红色、薰衣草、中绿松石色、粉蓝色、白色、Alice、PaleTurquoise等色彩，用于界面的色彩规划。（图3－114）

4. 设计创意展示

根据产品使用流程的需求，我们设计制作了低保真的线框图，以供评估、分析和展示。（图3－115）

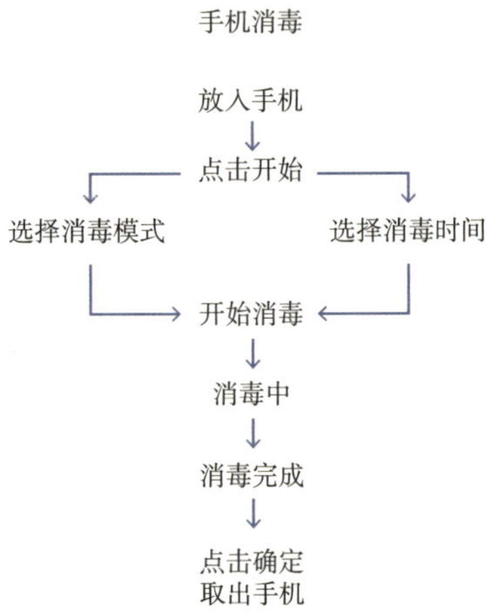

图3－111　功能流程和需求

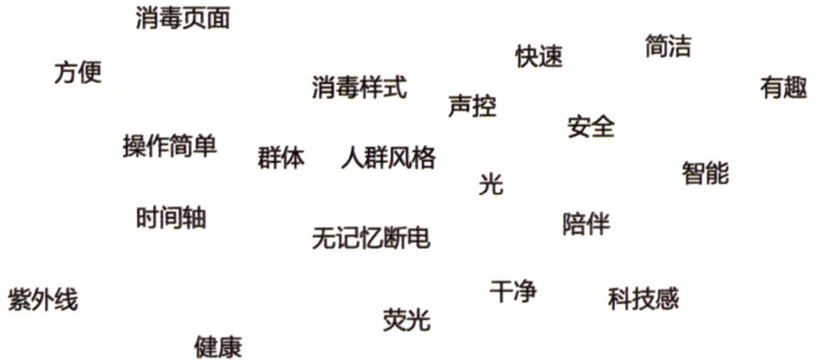

图3－112　关键词设计

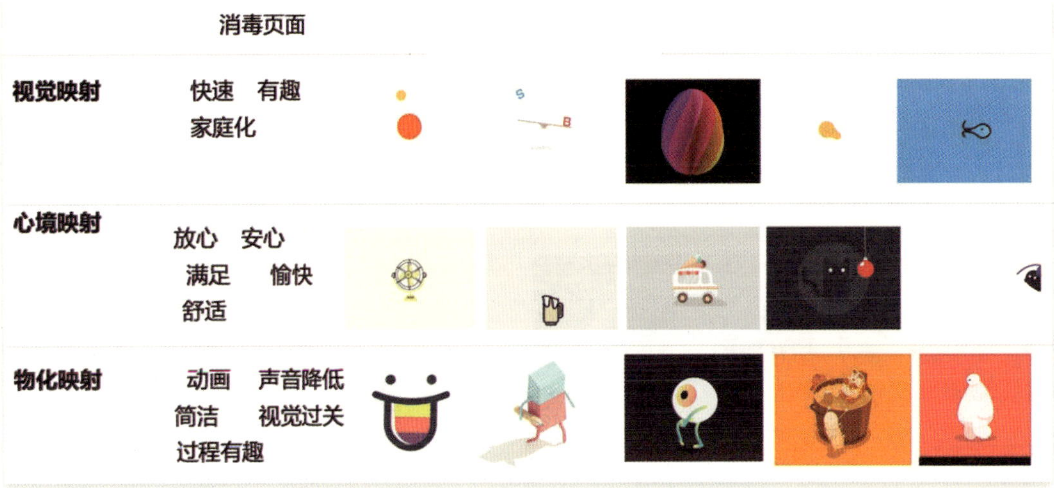

图3－113　根据关键词的情绪板设计－1

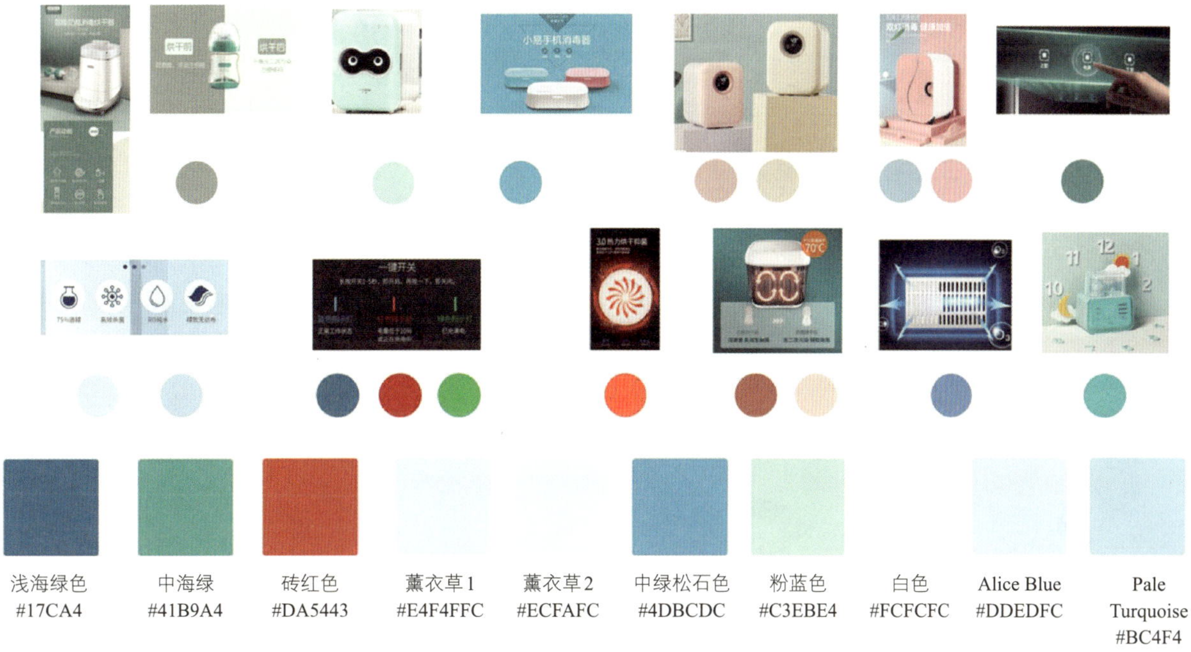

图 3-114 根据关键词的情绪板设计 -2

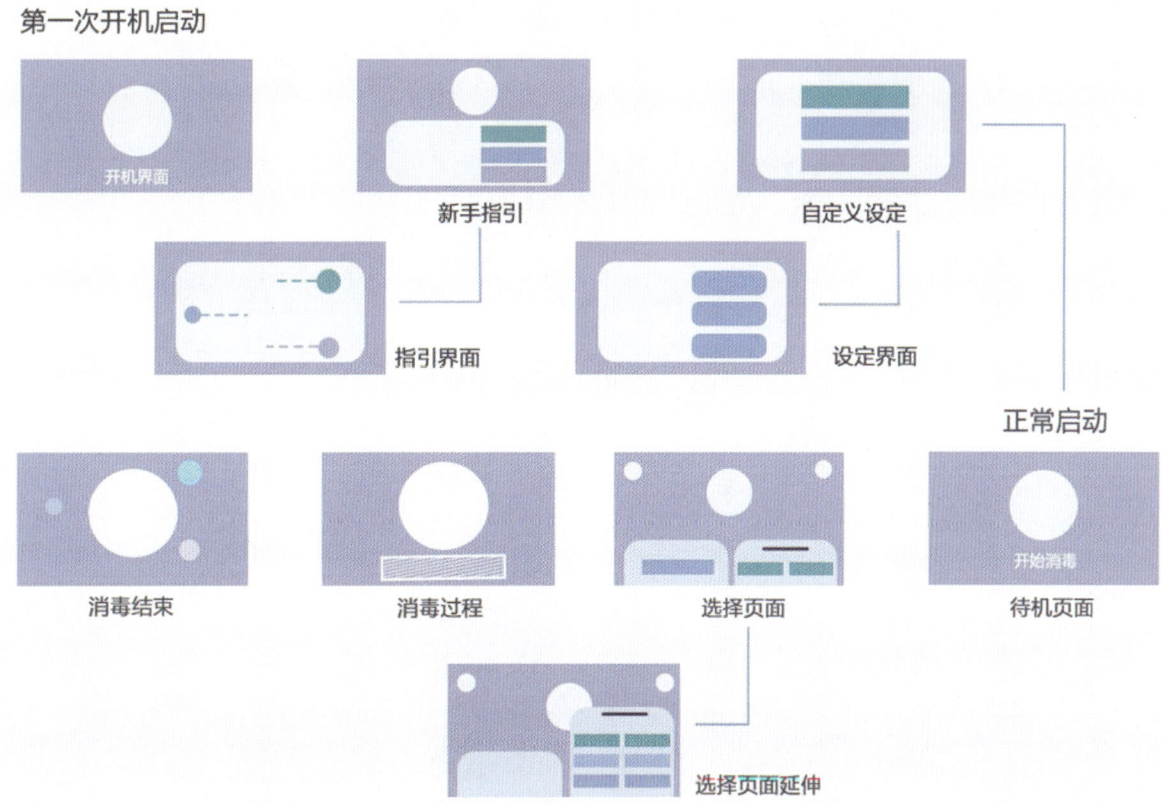

图 3-115 线框图设计

产品设计外观效果（图3-116）

界面设计内容展示（图3-117至图3-122）

六、智能医疗药箱界面设计

（一）实训内容

针对身患慢性疾病或多种疾病的患者，家中的医养过程至关重要。为方便用户使用，我们设计了一款智能医疗药箱，作为智慧生活的一部分，它是一种数据化、智能化的家庭药箱。该产品应具备以下功能，并设计相应的功能性界面：

第一，智能语音助手和家庭健康管理系统，集成一键咨询、服药提醒、体征测量、药品管理等多项功能。用户可一站式解决多项需求，并可与专业

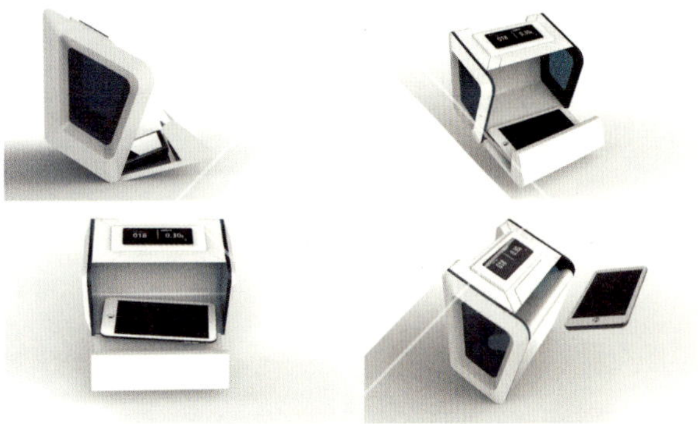

图3-116　产品外观、界面和使用效果图

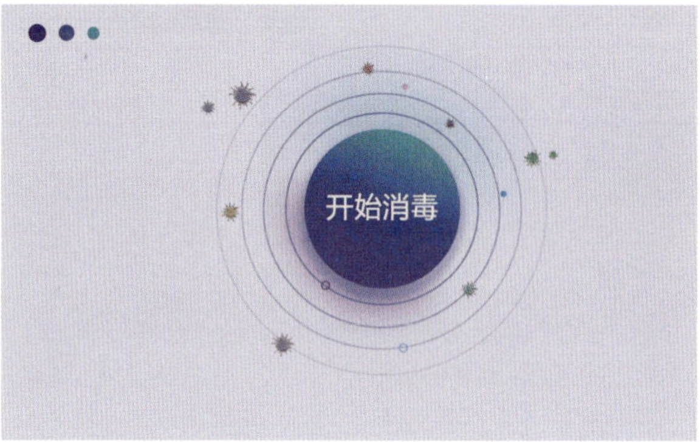

图3-117　开始消毒界面

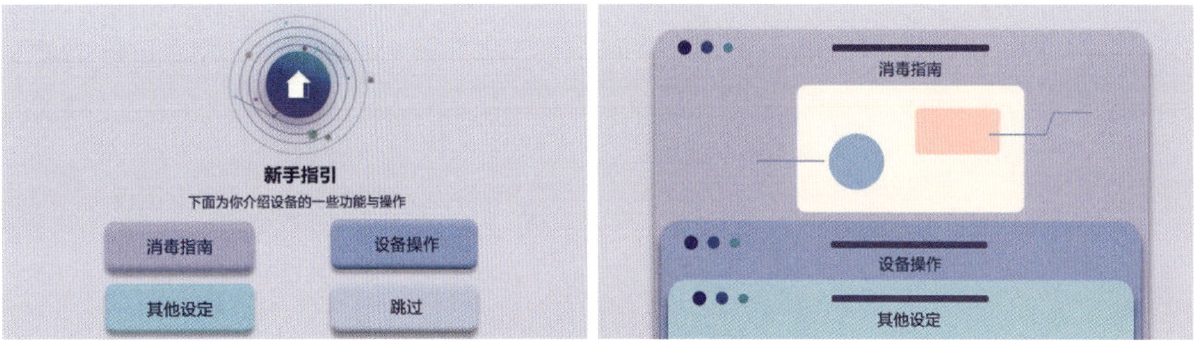

图3-118　新手指引和消毒指南等界面

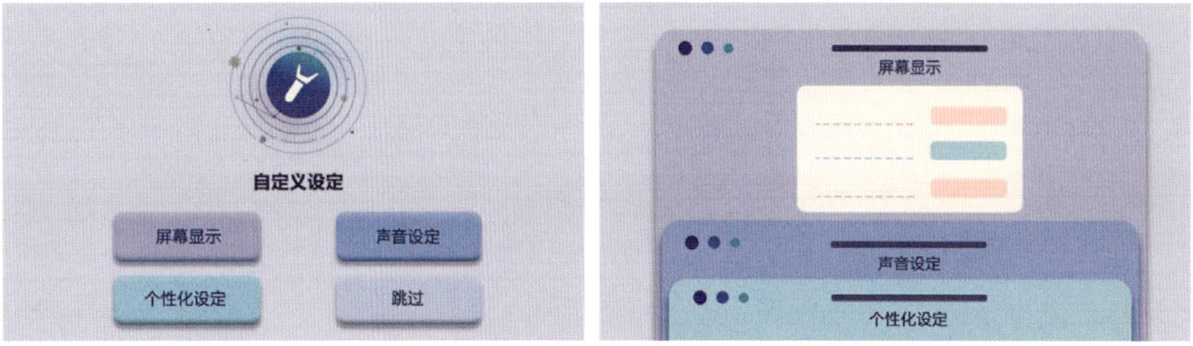

图3-119　产品的设定界面

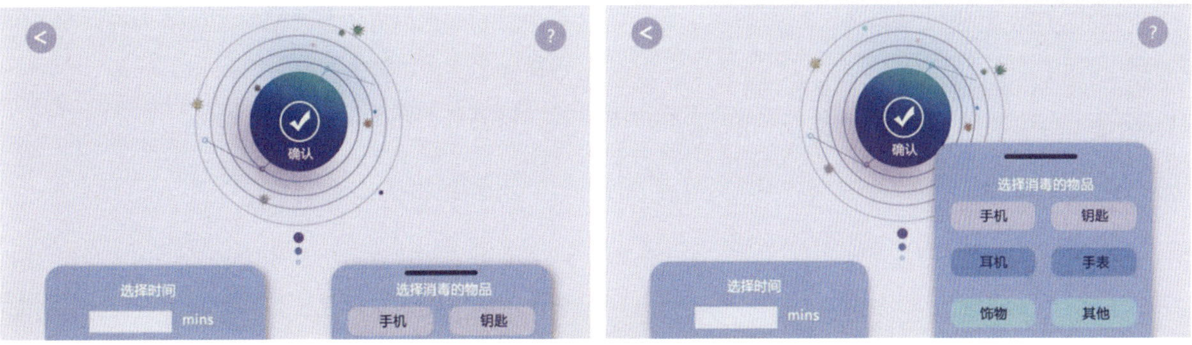

图 3-120 待消毒的个人随身物品和消毒时间选择界面

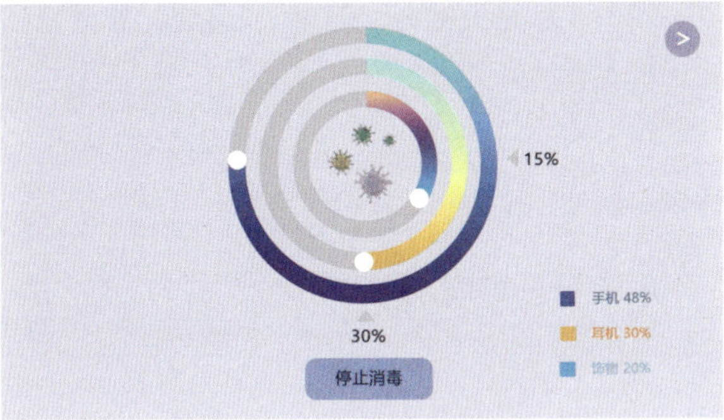

图 3-121 消毒过程的界面显示

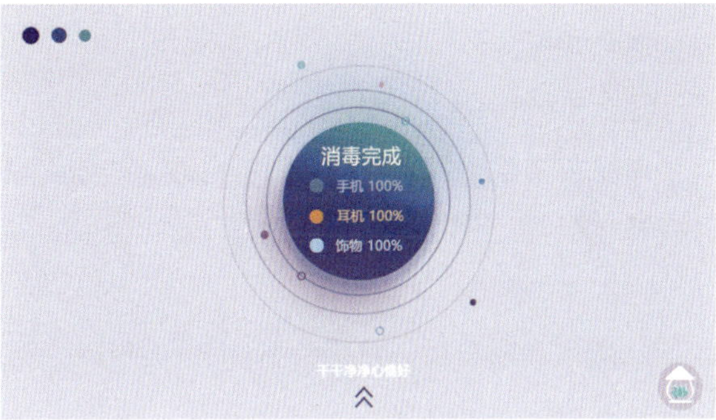

图 3-122 完成界面

医生进行咨询。药箱将同步保存服药记录。

第二，智能家庭医疗药箱基于物联网技术，辅以血液检测技术。通过监测用户用药情况，能有效提醒用户漏服或错服药物。设备通过用药记录和检测结果，全方位监测和管理用户健康。

（二）实训目的

第一，根据产品需求，设计合适的界面布局，掌握能有效解决功能需求的信息架构。

第二，掌握在产品机身上设计界面元素的方法。

第三，培养“一切以用户为中心”的设计思维。

（三）重点

第一，正确分析市场已有产品的优缺点，针对缺点与问题提出改进方案。

第二，根据用户行为特点，设计满足功能需求的界面方案。

第三，通过视觉表达展现界面的定位、功能和美观性。

（四）难点

在项目设计中解决用户的痛点，实现智能医疗药箱的操作和信息反馈功能，构建以用户为中心的设计意识。

（五）作业要求

第一，界面设计的创意表达应符合设计概念所提出的目标要求。

第二，界面设计的信息结构合理、美观大方、制作精细，能有效对应和满足产品的功能需求。

第三，界面制作符合智能医疗药箱的生产要求。

（六）实战案例

设计项目：智能医疗药箱界面设计

设计：梁景超、罗浩云、张腾凯、卢婉婷

设计指导：胡克

1. 设计思路

该产品是一款基于智慧生活理念的数据化、智能化家庭药箱。

（1）主要功能

提供服药服务和智慧生活记录的体验，以及科学的药物管理。

（2）目标用户

需要药物管理的人群，特别是病患、老年人和儿童等。

（3）产品特色

一体化智能功能，并结合5G大数据连接，实现智慧生活中的药物管理。

（4）用户目标

用户目标是解决药物管理需求，优化用药体验。

（5）使用场景

使用场景包括居家生活、外出携带和医疗场所。

（6）核心价值

核心价值是提升用户服药体验，使药物管理更为便利。产品界面分为机身显示界面和手机APP界面，包含多种功能。（图3–124）

机身显示界面功能图如图所示：（图3–125）

2. 情绪板的设计制作

通过头脑风暴、市场研究和用户研究，得出主要关键词，如电子产品、管理、温馨、医疗、物联网、检测、5G通信、健康、老年人、药物、安全、互联网、咨询提醒、服务、呵护等。在此基础上，衍生相关关键词。（图3–126，图3–127）

图3–128是关键词“健康”“温暖”的情绪板素材搜集和色彩归纳设计。

图3–129是关键词“呵护”的情绪板素材搜集。

3. 设计创意展示

第一，日期和时间定时的设定界面展示。（图3–130）

第二，成员计划管理以及药物选择和标定界面。（图3–131）

第三，药物扫描及药物信息内容管理，为智能药盒的重要信息交互手段和信息存储功能。（图3–132）

第四，手机移动端APP界面设计方案。（图3–133）

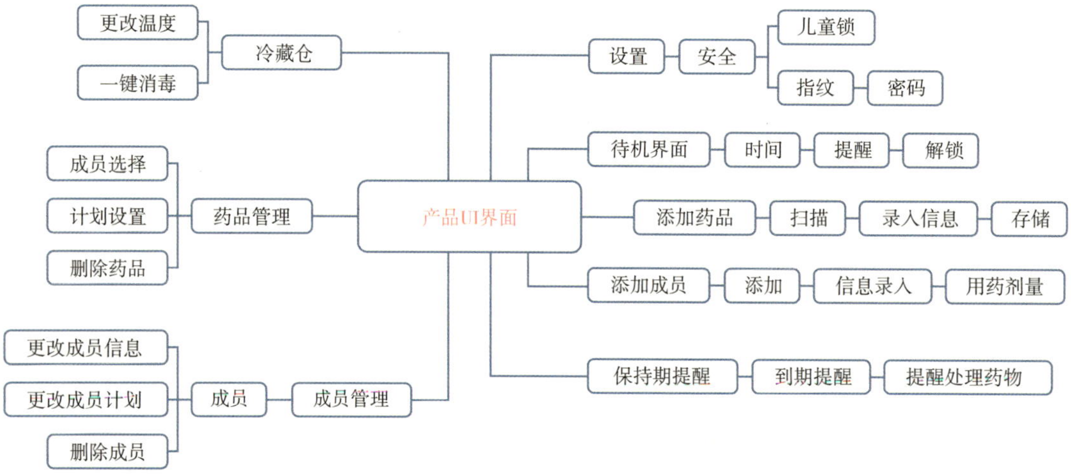

图3–124　产品端产品功能架构

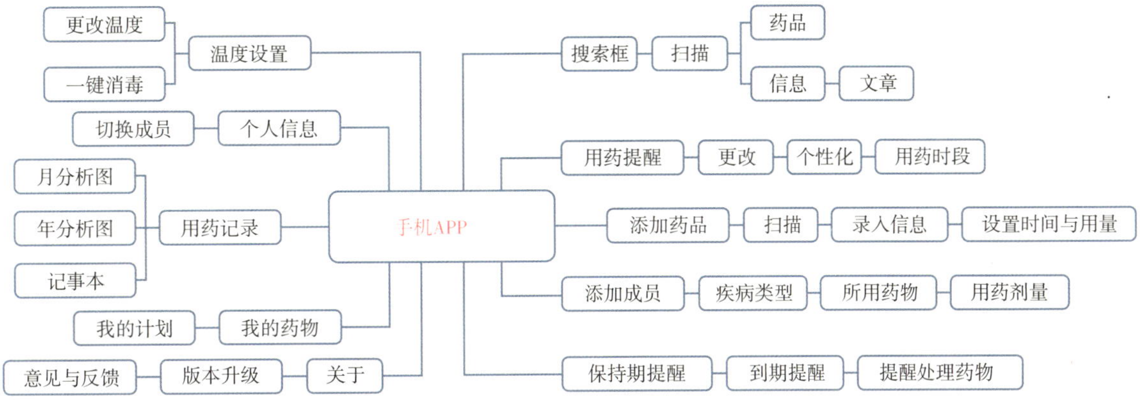

图 3-125　移动端（手机）APP 界面功能图

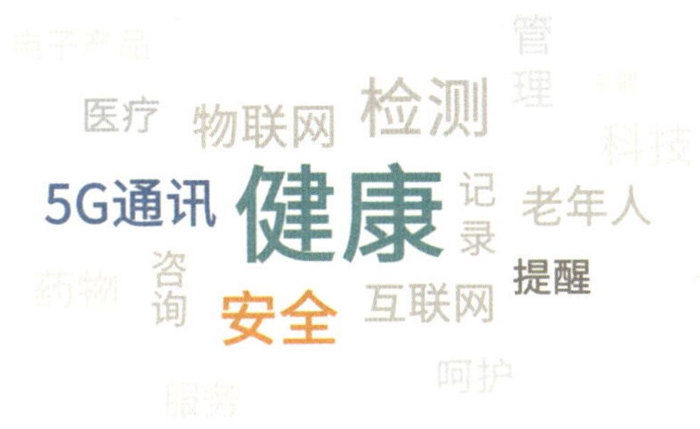

图 3-126　主关键词的设计

图 3-127　衍生关键词的设计

图 3-128　关键词“健康”“温暖”

图 3-129 关键词“呵护”

图 3-130 设定界面

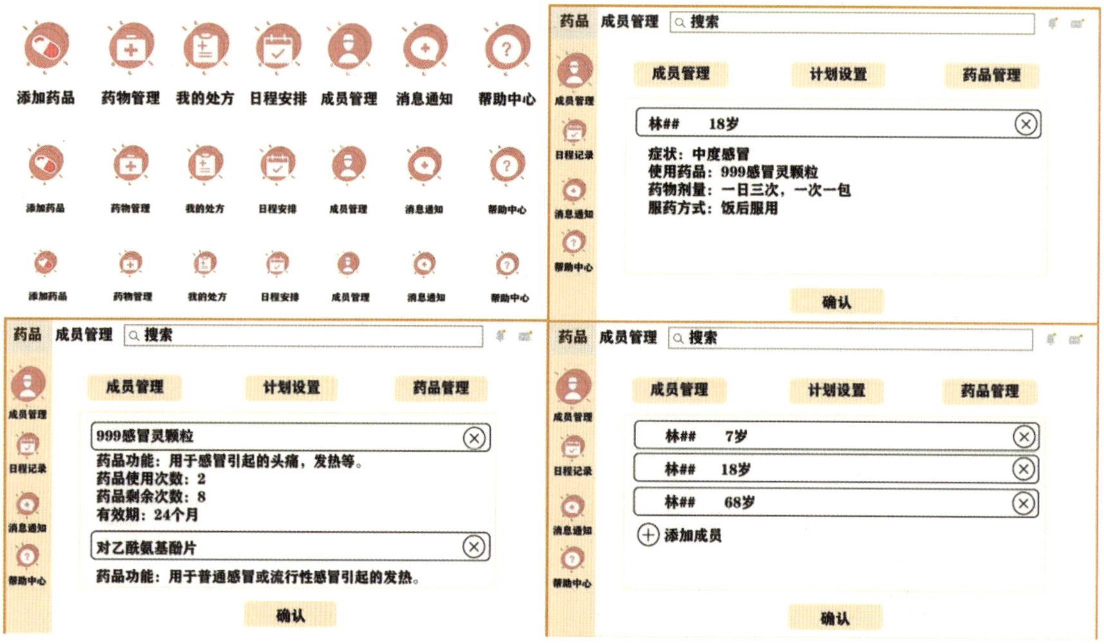

图 3-131 选择和标定界面

图 3-132　药物扫描及药物信息界面

图 3-133　移动端界面

七、岗课赛证——1+X证书考试

界面设计职业等级证书的考核方式需要应用到多种考试形式，包括客观题和主观题等。考试涉及基于特殊要求的实操，因此需要相应的实训设备和场地。

客观题部分将使用计算机辅助进行，计算机会随机组卷并进行对错判断。而主观题部分同样会使用计算机辅助，但由专业老师进行判卷。

（一）考试要求

考试时长、题型、及格分数线、作答方式如下：

1. 界面设计（初级）

考试时长：150分钟

题型和题量：题型包括单选题（20题）、多选题（5题）、判断题（5题）和主观题（2题）

及格分数线：卷满分为150分，合格标准为90分

作答方式：闭卷，上机考试

2. 界面设计（中级）

考试时长：150分钟

题型和题量：题型包括单选题（20题）、多选题

题（5题）、判断题（5题）和主观题（2题）

及格分数线：卷满分为150分，合格标准为90分

作答方式：闭卷，上机考试

3. 界面设计（高级）

考试时长：150分钟

题型和题量：题型包括单选题（20题）、多选题（5题）、判断题（5题）和主观题（2题）

及格分数线：卷满分为150分，合格标准为90分

作答方式：闭卷，上机考试

（二）样题实训

以2022年的中级试卷为例，考试时间150分钟，满分150分。单选题20题，共60分，多选题5题，共15分，判断题5题，共15分，绘图题2题，第1题20分，第2题40分，共60分。

由此可见，绘图题是整份试卷里的重要题型，分数占整份试卷的40%。因此，在本教材中，将以该题型为例，并以真题形式进行解题分析：

绘图题（第1题20分，第2题40分，共60分）

1. 第1题

（1）根据所提供的参考图，请使用Photoshop或Illustrator软件，绘制出该图，尺寸为360×360px，分辨率72ppi。接着使用After Effects制作出模仿不倒翁左右晃动的动态效果，并输出为.mov格式。（图3-134，图片提交背景为透明的.png格式文件，动效提交.mov格式文件）

图3-134

（2）评分标准如下：

评分项目及分值	评分等级分值				
1. 作品图文是否完整，构图、排版是否和谐有序（5分）	完整、和谐、有序（5分）	少量缺失及混乱（4分）	基本完整、有序（3分）	比较混乱及不完整（2分）	混乱（0分）
2. 作品尺寸、精度、格式是否符合题干要求规范（5分）	规范，符合题干要求（5分）	少量细节未按规范（4分）	基本规范（3分）	比较不规范（2分）	不规范（0分）
3. 作品风格、造型、色彩、动效是否和谐统一，符合题干主题（5分）	和谐统一，符合题干主题（5分）	少量不和谐及不符合题干（4分）	基本和谐（3分）	比较不和谐及不符合题干（2分）	不和谐、不符合题干（0分）
4. 作品制作水平是否优秀，细节刻画是否优良（5分）	细节到位、做工精良（5分）	少量细节粗糙（4分）	细节一般（3分）	比较粗糙（2分）	粗糙（0分）

（3）解题步骤

第一步，绘图。新建画布360×360px，然后使用矩形工具将填充色设置为“#faca66”绘制一个圆角矩形。（图3-135）

图 3-135

第二步，使用钢笔工具按要求绘制出企鹅图案。（图3-136）

图 3-136

第三步，使用钢笔工具绘制出圆形眼睛并创建一个圆形，再更改锚点将企鹅的肚子塑造出来。（图3-137）

图 3-137

第四步，使用三角形工具将填充色设置为“#faca66”在图案中间绘制出一个三角形。（图3-138）

图 3-138

第五步，制作动效。找到对应图层分别以.png格式导出企鹅图案与圆角矩形。（图3-139）

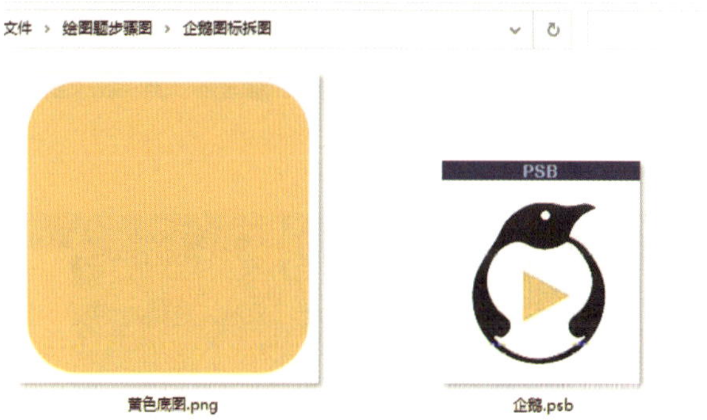

图 3-139

第六步，接下来将刚才导出的底图以及企鹅导入AE中。点击新建合成，将帧数率调整为25，高度和宽度为360×360px，持续时间设置为8秒。（图3-140）

第七步，在0秒处插入一个关键帧，数值不做变换，然后在1秒处再插入一个关键帧，在图层面板中，打开变换选项，修改旋转参数为（0，14）。

（图3-141）

第八步，在3秒处再插入一个关键帧将旋转数值修改旋转参数为（0，14），并以此类推若干帧，注意最后一帧的数值与第一帧数值相同，就可以达到企鹅晃动的效果了。（图3-142）

第九步，按住快捷键crtl+m导出，在渲染队列中更改输出模块选择.mov格式导出文件（图3-143），解题完成。

2.第2题

（1）请以“5G拉近与你的距离”为主题，设计一张手机移动端2.5D插画banner。

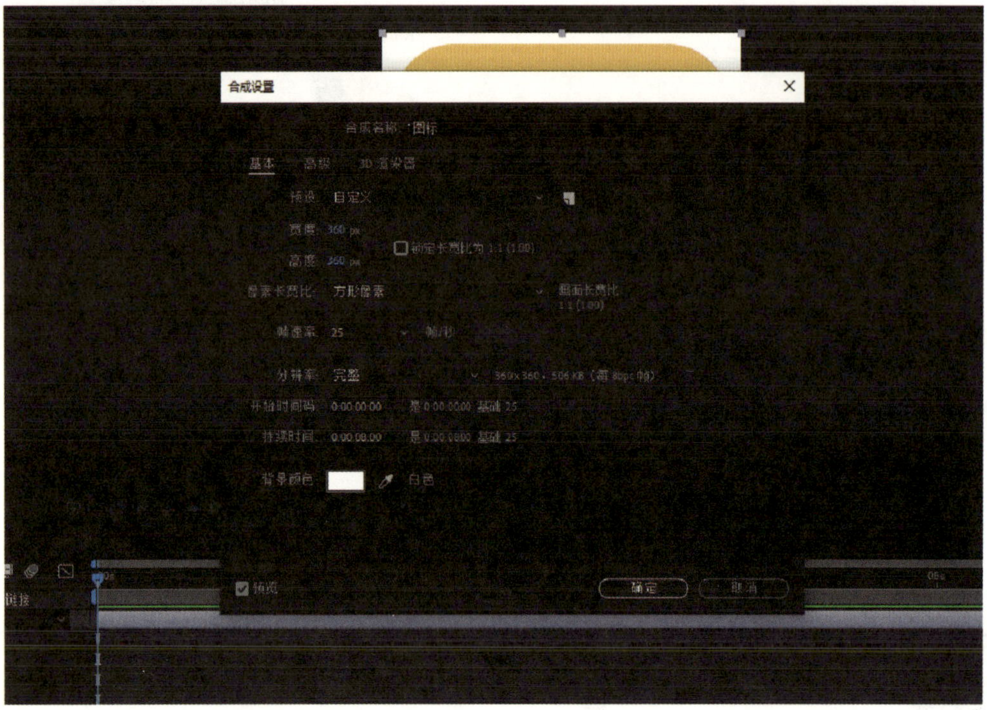

图3-140

图3-141

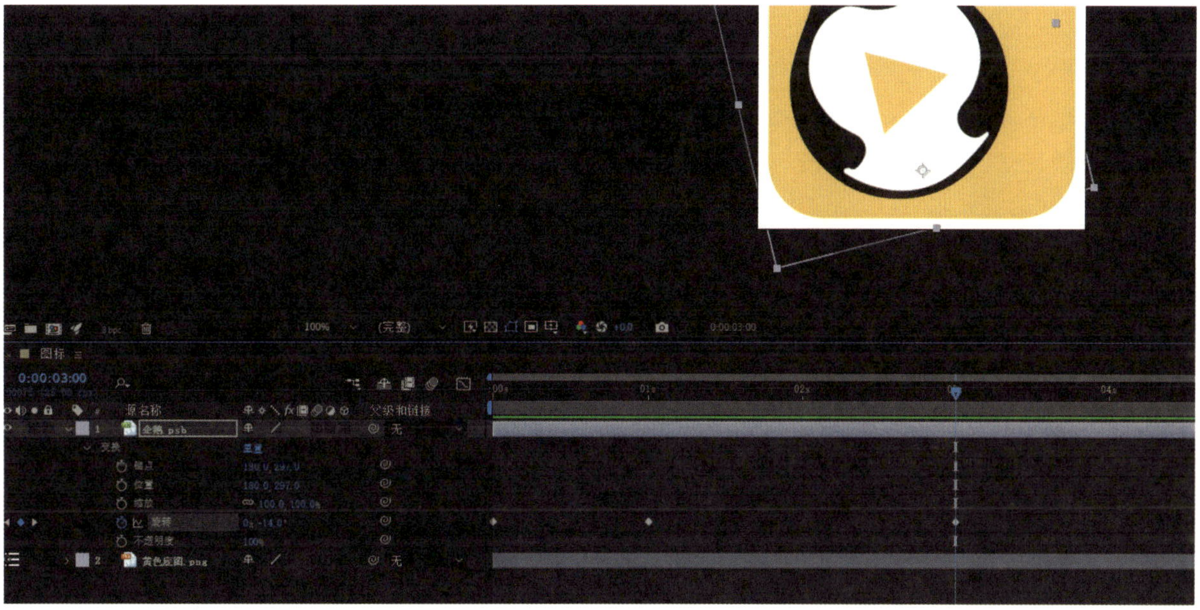

图 3-142

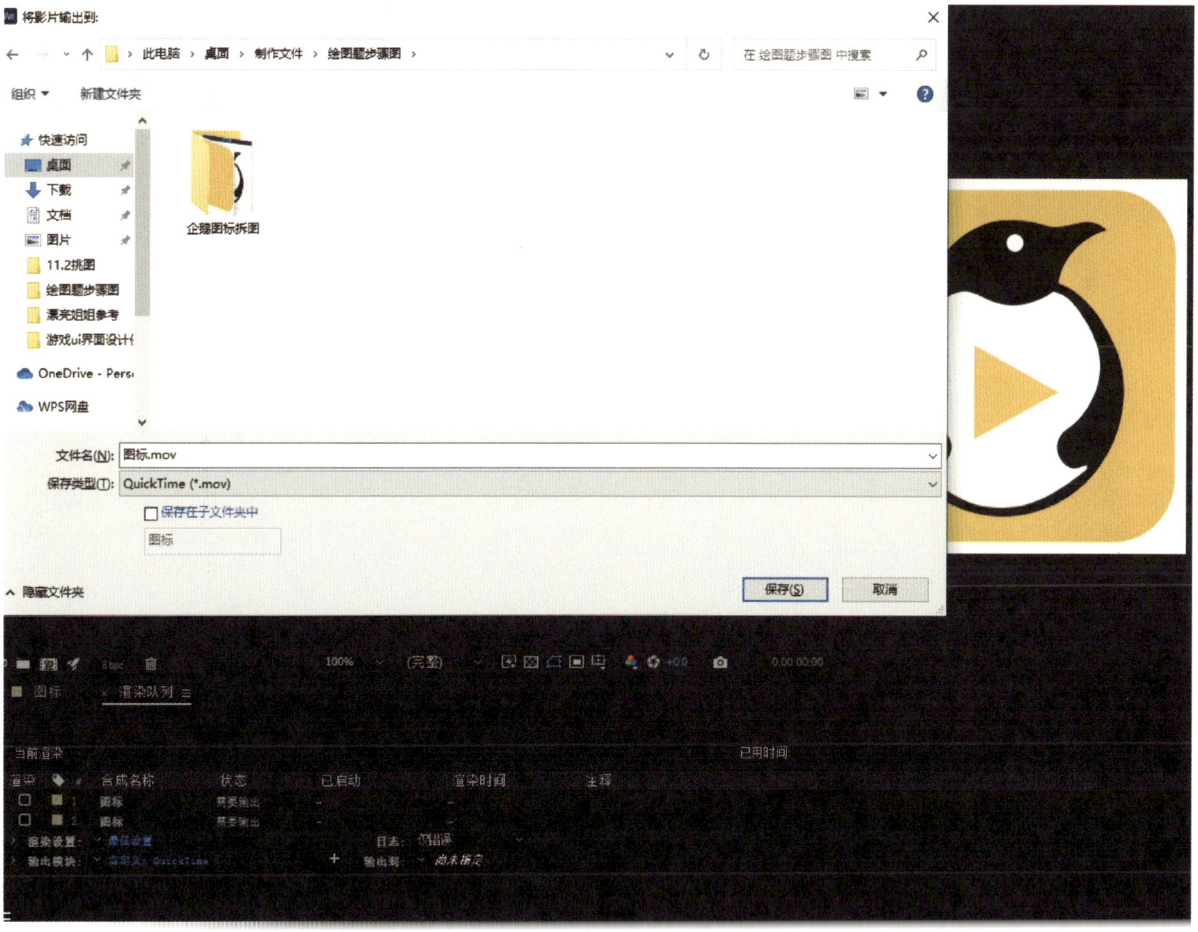
将影片输出到:
此电脑 › 桌面 › 制作文件 › 绘图题步骤图 ›
在 绘图题步骤图 中搜索
组织
新建文件夹
快速访问
桌面
下载
文档
图片
11.2挑图
绘图题步骤图
漂亮姐姐参考
OneDrive - Pers
WPS网盘
企鹅图标拆图
文件名(N): 图标.mov
保存类型(T): QuickTime (*.mov)
保存在子文件夹中
图标
隐藏文件夹
保存(S)
取消

图 3-143

要求：使用Photoshop或Illustrator绘制出下图2.5D图标（禁止直接使用原图）并融入至你的设计图中。根据你的设计构思增加设计元素和色彩创意，让设计图更加丰富，且更加贴近主题。（图3-144）

设计尺寸：750 × 500px 分辨率72ppi

（2）评分标准如下：

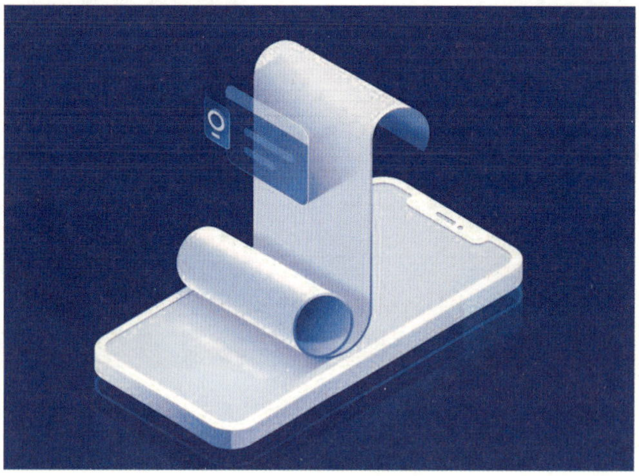

图3-144　完成图效果

评分项目及分值	评分等级分值				
1.作品图文是否完整，构图、排版是否和谐有序（8分）	完整、和谐、有序（8分）	少量缺失及混乱（6分）	基本完整、有序（4分）	比较混乱及不完整（2分）	混乱（0分）
2.作品尺寸、精度、格式是否符合题干要求规范（8分）	规范，符合题干要求（8分）	少量细节未按规范（6分）	基本规范（4分）	比较不规范（2分）	不规范（0分）
3.作品风格、造型、色彩是否和谐统一，符合题干主题（8分）	和谐统一，符合题干主题（8分）	少量不和谐及不符合题干（6分）	基本和谐（4分）	比较不和谐及不符合题干（2分）	不和谐，不符合题干（0分）
4.作品创意、设计是否独特、新颖，符合品牌理念（8分）	创意、独特、新颖，符合品牌理念（8分）	少量无创意及不符合品牌理念（6分）	创意一般（4分）	基本无创意及不符合品牌理念（2分）	无创意及不符合品牌理念（0分）
5.作品制作水平是否优秀、细节刻画是否优良（8分）	细节到位、做工精良（8分）	少量细节粗糙（6分）	细节一般（4分）	比较粗糙（2分）	粗糙（0分）

（3）解题步骤（图3-145）

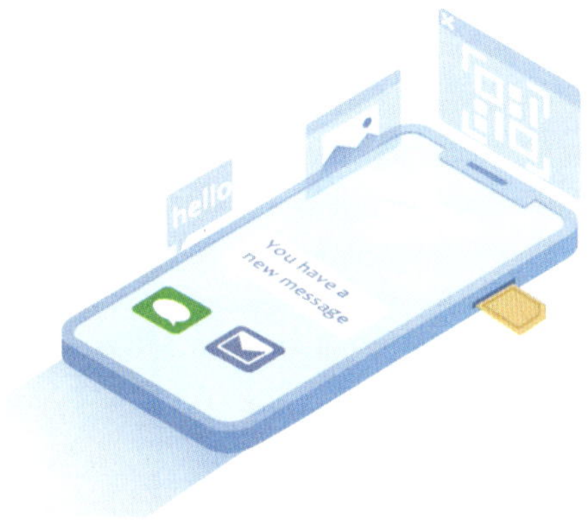

图 3-145　完成图效果

第一步，新建画布750*500px，接着使用钢笔工具绘制一个圆角矩形，并将其填充颜色设为“#e7f6ff”。（图3-146）

第二步，使用钢笔工具绘制出手机的屏幕边框，并将其填充颜色设为“#a1cefd”。（图3-147）

第三步，双击绘制出的图层，进行图层样式设置。选择投影样式，并将不透明度设为86%，距离设为2，大小设为2。（图3-148）

第四步，使用钢笔工具绘制图层，以达到手机的厚度效果，并将颜色填充为“#53a3f5”。（图3-149）

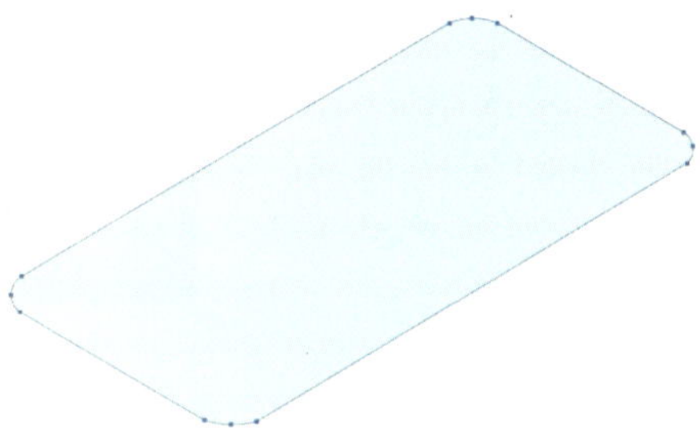

图 3-146

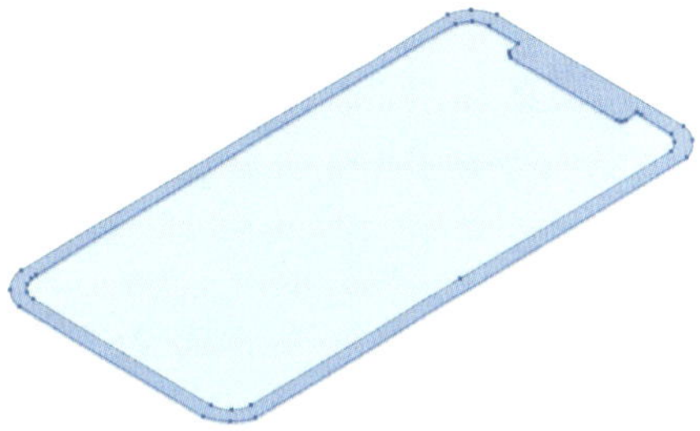

图 3-147

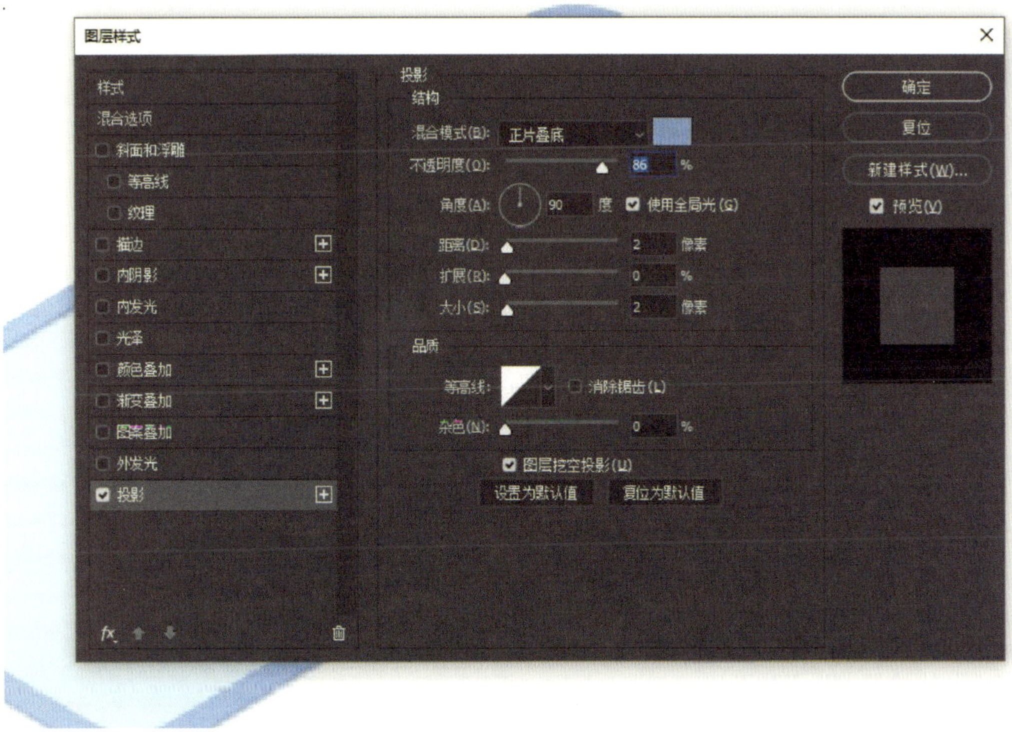

图 3-148

图 3-149

第五步，使用渐变工具对刚刚绘制的图案进行渐变处理，以增加层次感。（图3-150）

第六步，使用矩形工具在手机上方绘制听筒的矩形图案并填充为“#72b0f0”，同时在侧方绘制卡槽矩形并填充为“#5087bf”。（图3-151）

第七步，在手机侧方的矩形处绘制出SIM卡，并将其颜色填充为“#f3d187”。（图3-152）

第八步，复制刚刚绘制的SIM卡，缩小后双击图层编辑其样式，选择描边样式，将大小设置为2，不透明度修改为61%，以制作出卡面的效果。（图3-153）

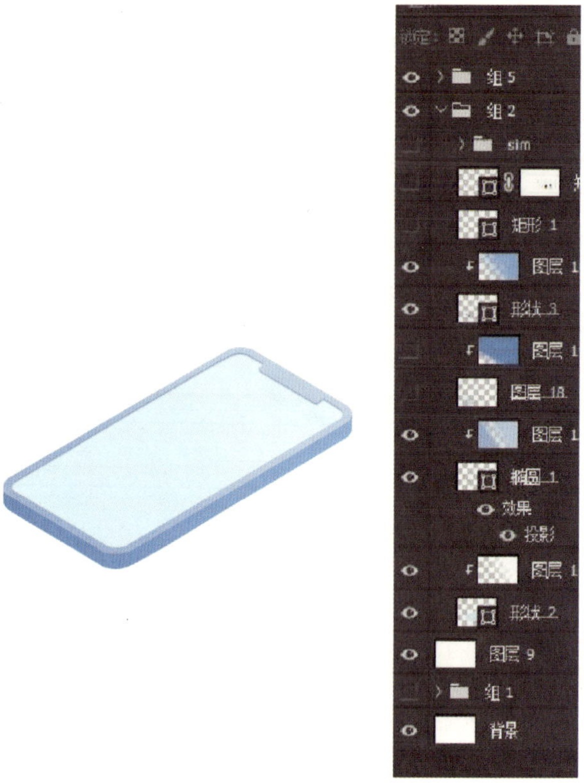

图 3-150

图 3-151

图 3-152

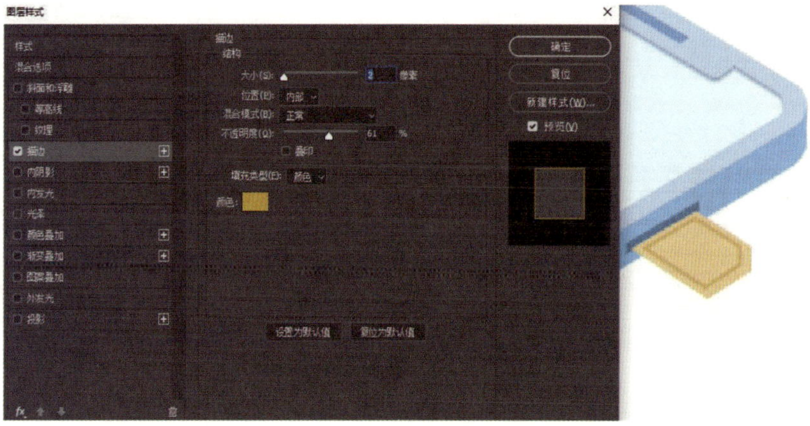

图 3-153

第九步，使用矩形工具绘制一个矩形，颜色填充为“#87bfff”，并将该图层的不透明度调整为40%。（图3-154）

第十步，使用矩形工具绘制一个白色底框，在底框上使用钢笔工具绘制山体和太阳的图案，将中间图案的底色填充为“#f4f9ff”，将小图中的山川与太阳图案填充为“#89c0ff”。（图3-155）

第十一步，使用自由变换工具将图案斜切30度。（图3-156）

第十二步，使用矩形工具绘制如下消息栏图案，并根据透视关系使用旋转工具调整角度，再使用自由变换工具斜切到合适位置。（图3-157）

第十三步，使用矩形工具绘制一个二维码图案，并填充为“#ffffff”。（图3-158）

第十四步，使用选区工具选出对应区域，然后

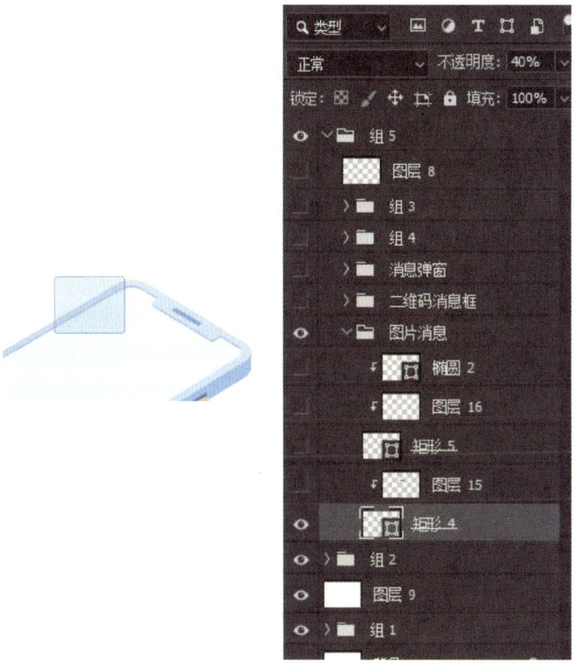

图 3-154

图 3-155

图 3-156

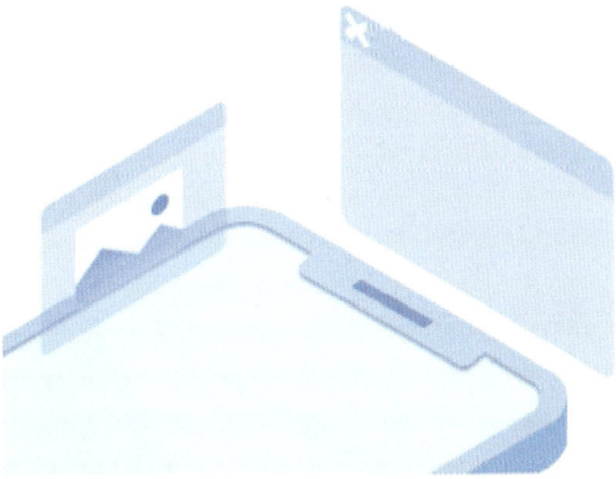

图 3-157

图 3-158

使用渐变工具拉出渐变光影效果。（图3-159）

第十五步，使用钢笔工具绘制如下消息栏，并填充为“#bad9fc”，在其中输入白色“hello”文字。（图3-160）

第十六步，使用矩形工具绘制一个圆角矩形，并填充颜色为“#46cc65”，然后使用钢笔工具绘制一个白色的消息Logo。（图3-161）

第十七步，使用矩形工具绘制一个圆角矩形，并填充颜色为“#7498ff”，在其中绘制一个信封Logo，然后根据透视关系使用旋转工具旋转60度，再使用自由变换工具斜切调整到合适位置。（图3-162）

第十八步，按要求绘制消息栏，并在其中输入“You have a new message”文字内容，并将其填充为“#87acf9”。（图3-163）

第十九步，将消息栏文字内容使用旋转工具旋转60度，再使用自由变换工具斜切到合适角度，以达到手机屏幕消息弹窗的效果。（图3-164）

图3-159

图3-160

图3-161

图3-162

图3-163

图3-164

第二十步，首先使用圆形工具绘制一个圆形，然后使用选区工具选出三角形状。（图3-165）

第二十一步，使用蒙板工具填充黑色，即可得到半圆三角形。（图3-166）

第二十二步，新建一个圆形图层，继续使用蒙版工具将图案切出合适的角度，再添加第三层以此类推进行制作。（图3-167）

第二十三步，最后将制作出的图案旋转60度，并斜切到合适角度，然后放置在手机中央，成图如图3-168。

*两个案例的分析绘制过程鸣谢肖菲菲同学。

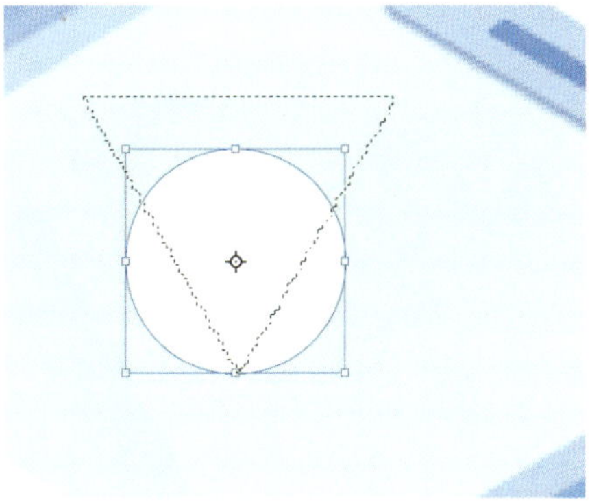

图 3-165

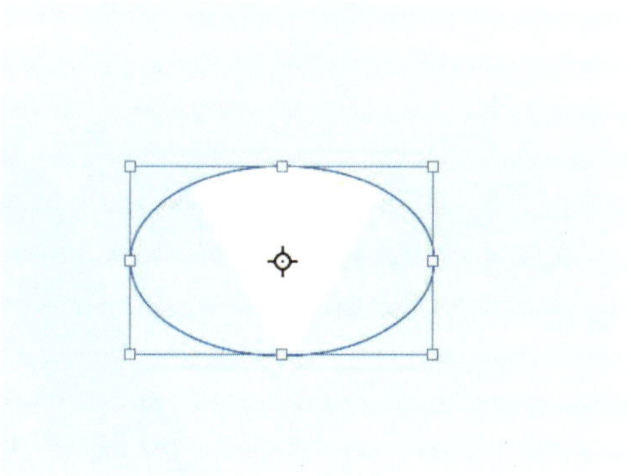

图 3-166

图 3-167

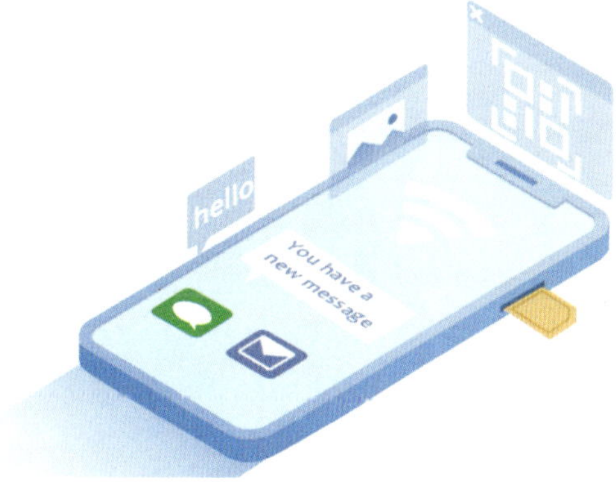

图 3 168

第四章　数媒艺术设计中的界面设计

第一节　界面设计在APP设计中的应用

第二节　界面设计在H5互动小程序中的应用

第三节　设计与实训

第四节　案例分析

第四章 数媒艺术设计中的界面设计

本章概述

本章首先介绍了界面设计在APP设计中的应用，通过案例直观地介绍了移动终端应用（APP）的界面设计原理，旨在使学生了解APP设计的基本原则。接着，本章还介绍了界面设计在H5互动小程序中的应用，通过案例展示了在移动端运行HTML5互动小程序的界面设计，帮助学生了解H5互动小程序的相关知识和设计方法。第二章设计与实训部分，通过项目实训的方式，让学生掌握APP设计的要求和方法。

学习目标

通过学习本章内容，学生将了解移动端APP和HTML5类别小程序的界面设计方法和手段。通过实训任务，学生将掌握数字媒体设计中界面设计的要求，提升在移动端界面设计项目中的能力。

随着移动互联网和移动终端技术的飞速发展，智能手机、平板等移动终端产品已经成为人们日常生活不可或缺的工具。大量的移动端应用（简称APP）在我们的生活和工作中扮演着重要的角色，使我们能够轻松实现财务、健康、娱乐、沟通等各种任务。通过APP，我们可以足不出户，在任何时间、任何地点高效地完成各种活动。然而，这些APP的成功离不开高质量的界面设计。为了设计出有效的界面，设计师需要深入了解移动APP的特性，熟悉各种组件和功能。

第一节 界面设计在APP设计中的应用

在APP设计中，常见的界面包括启动界面、教程界面、首页和菜单页、登录界面、个人资料界面、状态界面和日历界面等。

一、启动界面

启动界面是用户打开APP后第一个看到的页面。通常采用极简风格，仅展示名称、Logo或产品标语。为了确保启动界面在不同设备上的视觉效果，设计师通常将元素置于页面中央。启动界面的显示时间一般不超过5秒，超过这个时间，用户可能会感到不耐烦或误以为软件出现故障。在界面中显示加载过程，用户可以了解APP启动的进度。（图4–1）

*设计：胡克、黄泽伟、袁浩警、龙顺珊、颜忠林

二、教程界面

教程界面是一系列展示APP主要内容的页面，包括APP的导航、操作指南、功能模块和可实现的目标。这些页面在用户首次启动APP时呈现，旨在帮助用户了解APP的特点和快速掌握其操作要领。（图4–2）

图 4-1　APP 的启动画面

图 4-2　APP 教程界面

*设计师：钟焕培、梁嘉裕。设计指导：胡克

每个APP的教程内容各有不同，但也存在一些共同点。通常，教程页面采用趣味性插画来展示功能和优势，设计师常用吉祥物等方式与用户建立情感连接。此外，在界面中使用强有力的标语来宣传APP也是常见的做法。

三、首页和菜单页

对于任何一个APP而言，首页都是非常重要的部分。在移动端APP中，首页是拥有最多交互链接和选项的界面。尽管首页的设计因产品用途而异，但仍然有一些重要元素是通用的。首先，首页通常应该包含搜索框和按钮，以便用户方便地查找所需内容。由于首页是用户使用产品的起点，它应该提供清晰的导航功能，让用户能够快速进入不同的内容区域。（图4-3）

*设计：胡克、黄泽伟、袁浩警、龙顺珊、颜忠林

为了打造优秀的用户体验，移动端APP的首页菜单应包含用户可能用到的所有功能。这里有两种展示菜单的方式：第一种是菜单嵌入在首页中，

图 4-3　首页和菜单页

第二种是在一个单独页面内展示。建议菜单种类不超过7个，只展示最重要的功能。如果APP需要承载更多功能，可以创建菜单的子分类。

四、登录界面和个人资料界面

现在很多APP都允许用户自行创建账号，因此设计师需要知道如何设计登录界面和个人资料界面。登录界面应该简洁明了，以便用户进行注册和登录。通常，登录信息包括姓名、密码和确认按钮；对于首次登录APP的用户，还应该提供一个注册选项。（图4–4）

根据交互设计理论，设计师在设计个人资料界面时，首要任务是保证页面清晰易用。个人资料页面的信息有一定的限制，因此APP的导航必须直观易懂，这样用户就无需费力思考APP的操作。个人资料页应该针对特定的目标用户群体。

五、状态界面

很多APP都涉及用户活动的状态。随着数据量的增加，状态界面的设计变得更加复杂。设计师需要确保界面上展示所有关键数据，并保持界面的清晰和易用性。为了呈现烦琐的数据状态，设计师可以使用图形曲线、刻度和原始图标等信息的可视化和动画效果。此外，数据状态界面还需要使用特定的字体，以便用户轻松辨识数据。

个人资料页面能使APP更加个性化，根据每个用户的特点进行数据处理。此外，在任何社交APP中，个人账号都扮演着重要的角色，设计师的最大职责是将个人资料的使用便捷性最大化，以提升用户体验。

六、日历界面

事件APP、待办事项APP和其他类型的APP都会为用户提供专属的日历功能。不同类型的APP可能会提供特定功能的日历，如课程提醒或会议安排等。日历的视觉效果应与APP的调性和目标相符。

图4–4　登录界面和个人资料界面

第二节 界面设计在H5互动小程序中的应用

一、微信小程序

微信小程序是一种无需下载安装即可使用的应用，实现了应用“触手可及”的梦想。用户通过扫一扫或搜索即可打开使用。（图4-5）

微信小程序的优缺点包括：

（一）优点

对用户来说，无需下载、卸载，即用即走，不占用手机存储空间。

可以调用比H5更多的手机系统功能来进行开发。

运行速度接近APP，但相对来说开发成本较低。

（二）缺点

微信小程序只有1M左右的大小，这导致无法开发大型的应用程序。

不能跳转到外链网址，所以间接影响了小程序的开放性。

微信小程序和APP比较，可以看出微信小程序具有轻量化、轻频化、用户流量庞大以及开发周期短、费用低廉等特点。

二、认识H5

H5实际上是HTML5的缩写，下文统一简称为“H5”。HTML是HyperText Markup Language的缩写，即超文本标记语言，经常用于创建跨平台的Web页面。微信小程序的制作流程总共分为四步：注册、小程序信息完善、开发小程序、提交审核和发布。

（一）运用H5技术构建的页面特点

- 开发周期短
- 更新迭代方便
- 传播速度快

图4-5 “粤感”H5互动小程序的界面设计
* 设计：胡克、黄泽伟、袁浩謦、龙顺珊、颜忠林

· 多平台打开

（二）H5常见的应用场景

· H5 微场景
· 在线表单
· 微信投票
· 微信红包
· 抽奖
· H5 小游戏
· VR 全景

三、小程序的设计规范

（一）界面规范应布局清晰，简约留白

微信小程序首页设计尤其要注意这一点。首页给客户留下的第一印象很重要。为保证首页整洁，背景要使用空白或轻微的背景色划分功能板块，不要把所有内容都堆砌在一块。这容易扰乱视线，导致用户体验变差。

可以参考图4-6中官方小程序胶囊和开发者可以控制的区域的案例。

（二）菜单导航规范应简单、清晰

界面交互需明确告知用户身在何处，又可去哪儿。确保用户在页面中游刃有余地穿梭，所以要有清晰的返回键。同时要有清晰的底部导航，让用户能迅速找到自己需要的栏目信息。导航标签不得少于两个，不能多于五个。

在用户进行某个操作流程时，应避免出现其他与用户目标流程无关的内容打断用户的操作思路。图4-7展示的是一个饮品和红酒展示类小程序，用户打开该小程序即可在底端看到功能导航，这样减少了等待时间，而且信息的及时反馈可以节省大量时间。

（三）风格统一

小程序的整体颜色风格应与客户的品牌主题保持一致，以加强顾客的记忆。例如：对于美妆类的小程序，最好使用一些温暖的颜色，粉色可能更合

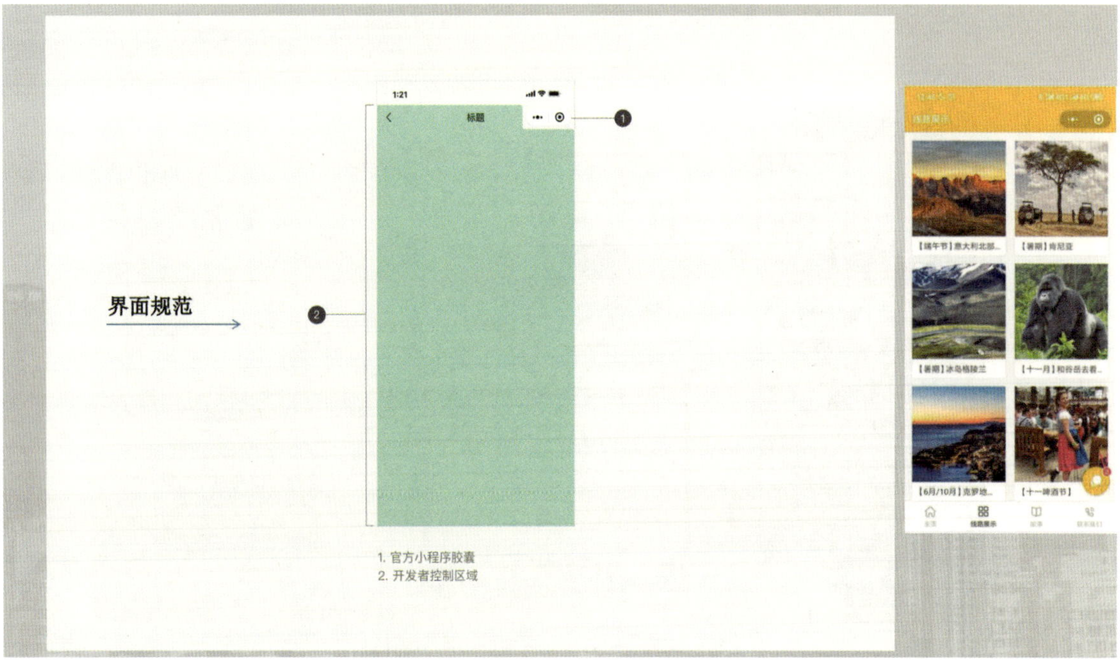

图 4-6　H5 微信小程序的设计规范

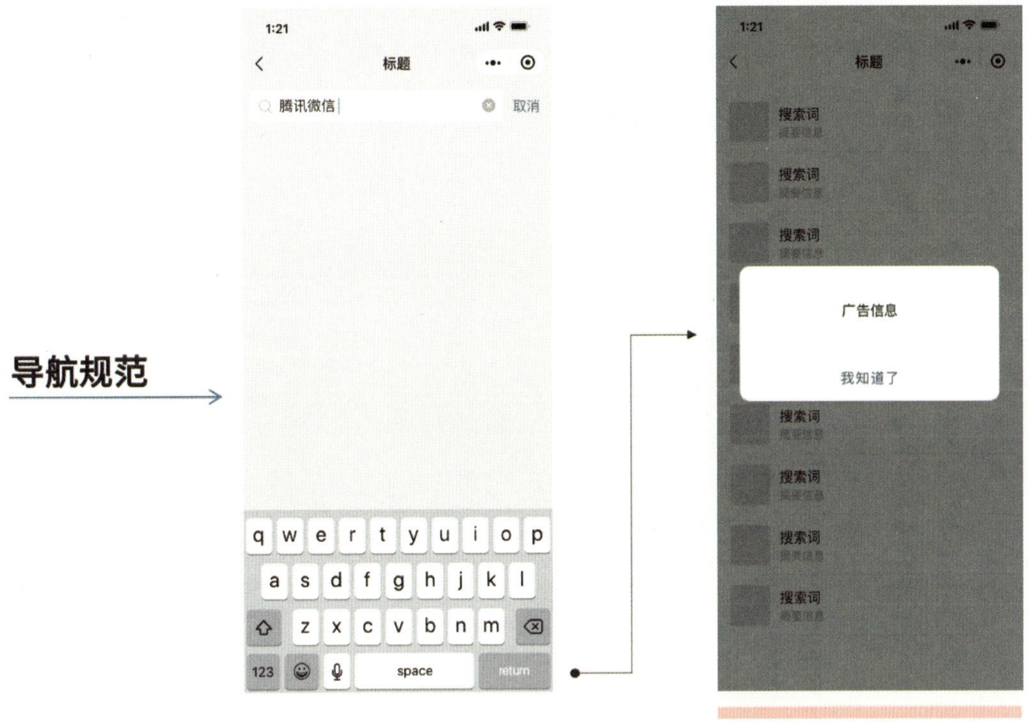

图 4–7　菜单导航设计规范

适；对于家政服务类的小程序，最好采用干净清新的颜色，如绿色或蓝色；而对于数码电子产品，不太适合花哨的色彩，最好使用黑色或白色。在小程序中，不同页面的颜色风格应保持协调一致，尽量使用一致的控件和交互方式，以确保界面元素之间具有相关性，让用户在不同页面的跳转交互中仍然感觉在同一个APP内进行操作，避免产生视觉上的混淆。

（四）字体规范

界面的字体规范涉及字体的类型、大小、粗细等属性。微信小程序中的文字用色也很关键，在不同内容区域的变化能带来不同的视觉效果。

（五）列表规范

列表是HTML5中使用频率很高的一个组件。包括列表标注、单行标题、双行标题、不同列表间距以及只读型列表等。详细的规范和说明可以参考图4–8。

（六）按钮规范

按钮作为交互应用必不可少的控件，针对按钮的形态、所处的各种状态进行了详细的规范。（图4–9）

（七）图标规范

图标是微信小程序中常见的元素，好的图标能让用户立刻明白它指代的是什么，节省浏览时间。设计师需要在视觉设计上花费功夫，弄明白小程序的设计要求以及注意事项，这样可以帮助设计师更好地把图标设计好。（图4–10）

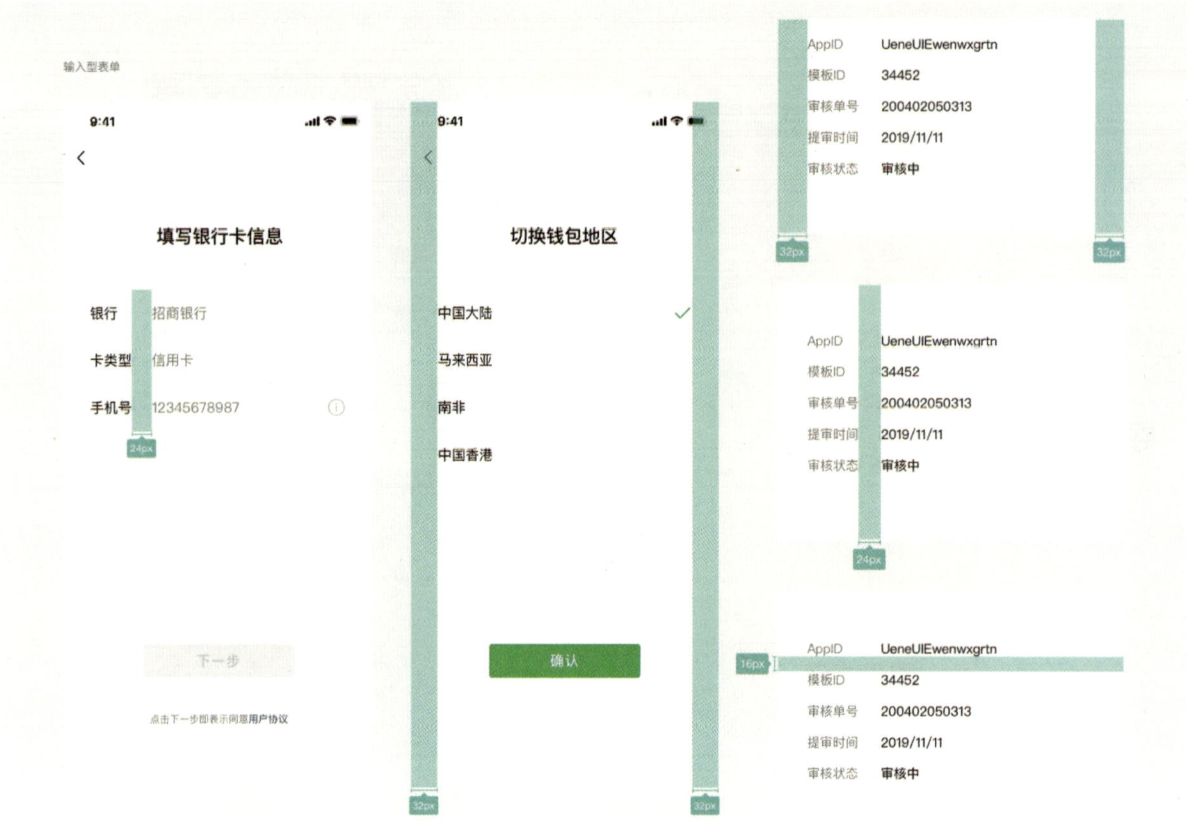

图 4-8　列表设计规范

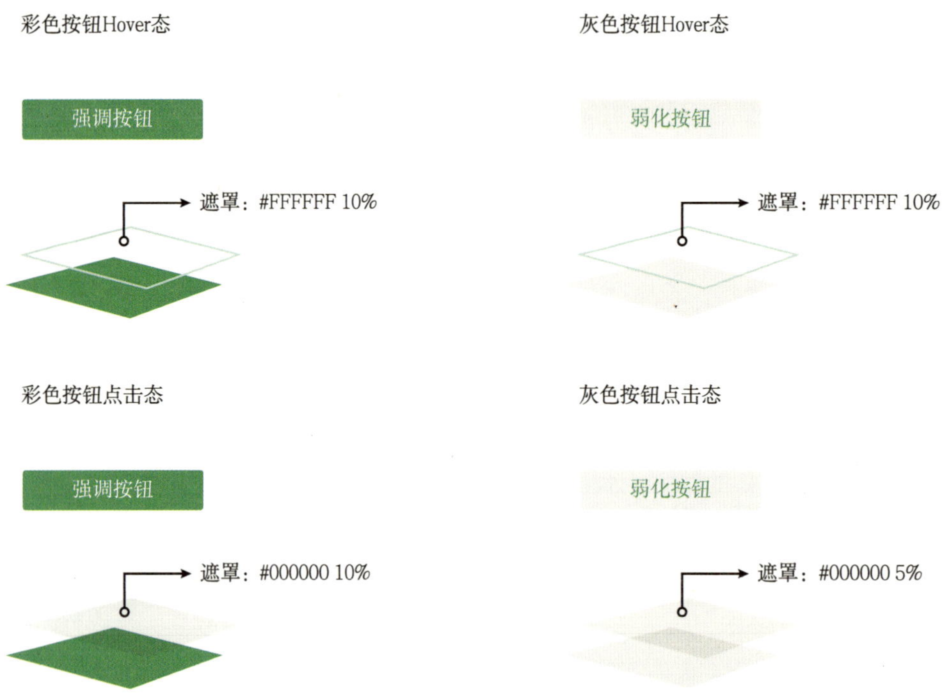

图 4-9　按钮设计规范

一般用于结果页面状态提示，根据结果的情况选择对应的icon

图 4-10　图标设计规范

第三节 设计与实训

一、实训准备

（一）实训内容

本实训旨在设计一款广府民俗风格的文旅APP界面，要求在满足功能使用和提升使用效率、增加情感化元素等需求的基础上，突出本土民俗特点，构建创新设计方案。

（二）实训目的

根据APP功能需求设计界面布局，在图形和画面上吸引用户的注意力。

掌握利用界面元素造型传递信息宣传和互动的方法。

培养以用户为中心的设计思维。

（三）重点

根据需求设计出生动活泼的创意方案。

通过视觉表达体现界面的定位、功能和美观性。

画面和动画风格需要突出广府地区的民俗风格。

（四）难点

通过界面设计，满足并提升H5宣传内容受众用户的体验目标，培养以用户为中心的设计意识并构建符合指定美术风格的设计能力。

（五）作业要求

第一，界面设计的创意表达应符合设计概念所提出的目标要求。

第二，界面设计应美观大方、制作精良，能有效满足APP功能需求。

第三，界面制作符合APP的发布要求。

二、实战案例

当前社会越来越重视文化产业，并在多个领域为其提供更多支持。如何传承本土文化成为一个值得探讨的话题。为此，我们推出一款旅游类的APP，旨在整合广府文化资源，通过APP形式推动广府文化产业链发展，并吸引外来游客对本土文化的认知与了解。

随着传统旅游行业发展空间逐渐减小，“80后”“90后”的年轻人越来越倾向于选择自由行，而传统旅行社已无法满足大多数年轻人的需求。因此，我们推出“游客—景点—商家—旅行社—政府”的商业链，采用点对点（服务—交通—服务）模式推动经济发展。同时，借助政府资源，从文化出发组织一系列活动，用教育的形式让更多人了解广府文化。通过这样的努力，我们希望让青少年重新发现并传承失落的民俗文化，这已成为备受关注的话题。我们希望传统文化能在年轻一代中焕发新的光彩，并得到更多人的重视和支持。

（一）用户研究

根据SensorTower发布的2018年第二季度全球手游报告显示，全球应用下载量超过259亿次，同比增长14.6%。其中，AppStore下载量同比增长13%，达到73亿次。值得注意的是，全球APP下载排行榜前十名中，游戏类应用占据了6个位置。

除了作为娱乐产品的功能外，游戏也被越来越多的人视为了解和体验不同文化的渠道。在学术界，许多研究人员也关注到了游戏作为文化传播工具的潜力。例如，研究人员Li Wang和Champion曾经设计过基于触摸屏电脑为载体的游戏，以中国四种艺术为主题，并通过评估非华裔参与者是否能从游戏中了解到中国文化来验证游戏的文化传播性。

根据研究，游戏被视为一种媒介，具有许多与传统媒介相似的功能，例如娱乐、教育、沟通和价值传递。不同的是，游戏具有更强的参与感，更丰富的互动性和更自主的涉入度，因此比传统媒介更容易使人全神贯注。此外，游戏也具有更多的文本创作权限，使得玩家能够更深入地参与并创造他们自己的故事和世界观。因此，游戏在现代媒体中扮演着重要的角色，并对社会文化产生了深远的影响。

（二）设计目标

本项目的设计目标是通过该APP产品，利用移动终端地理位置作为参考。用户可以通过拍照实体经典，导引出该地点的历史典故和人文文献记录。同时，APP还会推送附近设定距离范围内衣食住行相关的商业消费商家。通过地图导航，带领用户在游览景点和著名历史人文地点的同时，引导用户抵达附近的商圈进行消费。这样旅游商业就以景点为中心辐射发展，达到带动广府地域文化的传承与发展，促进文化产业商业创新和提升的最终目标。（图4-11）

*设计师：蔡锶瑜、陈河旭、陈明记、陈乃明、谢振涛、樊正豪

设计指导：胡克

（三）创新设计策划的实施方法

该APP项目在设计出发点上，紧紧围绕和依托广府文化的优秀元素，以传承和发展为桥梁，商业的开发和价值提升为目标。它利用新媒体技术和设计，进行广府文化在视觉上的碎片化创新设计和策划，同时结合现代潮流化的设计元素进行设计实施。

（四）设计理念

在几何、扁平化、2.5D流行趋势下，本项目

图4-11 《寻岭记》APP界面设计合集

APP界面的表现形式和风格采用现代最时尚、快捷、简单、易懂的扁平化形式，结合广府传统优秀文化的元素，以现代的、生动的动态视觉效果，将传统广府文化以潮流的、现代的、创新的方式表现出来。

该APP项目包括以下几个模块：

· 电子导游

· 夺宝

· 微商城

· 商家推荐

通过上述模块，构建起“寻岭记”APP的功能运作架构。当来广州的旅游者下载该应用后，可以使用摄像头拍摄旅游地点景物和建筑风光，APP会推送相应的人文典故信息内容到当前的照片。利用导航功能，以虚拟导游的形式，将附近一定距离内的其他景点推送给用户，以最优化的路径连接景点群。在旅游路线导航的基础上，开拓旅游商业的产业延伸。在路线范围内，推送相关的商家，如岭南广府特色的小吃、文创产品等，为广府文化旅游产业构建商业生态链，挖掘商业价值，并为广府文化传承所需要的资源提供支持。（图4–12）

（五）设计创新点

利用APP应用的创新功能，推出“游客–景点–旅行路线–商家”的一条商业链。通过点对点（服务–交通–服务）的方式推动经济发展，同时充分利用政府的资源，以文化为出发点带出一系列活动，用教育的形式让更多的人了解我们的广府文化。

采用时下年轻人热捧的扁平化动图（MG）动画的形式，结合广府优秀传统文化的艺术元素，以碎片化、颗粒化的方式进行文化的传播和应用，是文化传承的创新运用形式。

使用APP应用推广广府文化的动画片，与旅游景点结合，创新性地使用二维码观看和了解景点特点，构建自定义虚拟导游服务。同时，用户可以直接通过APP购买相关旅游纪念品，从中产生商

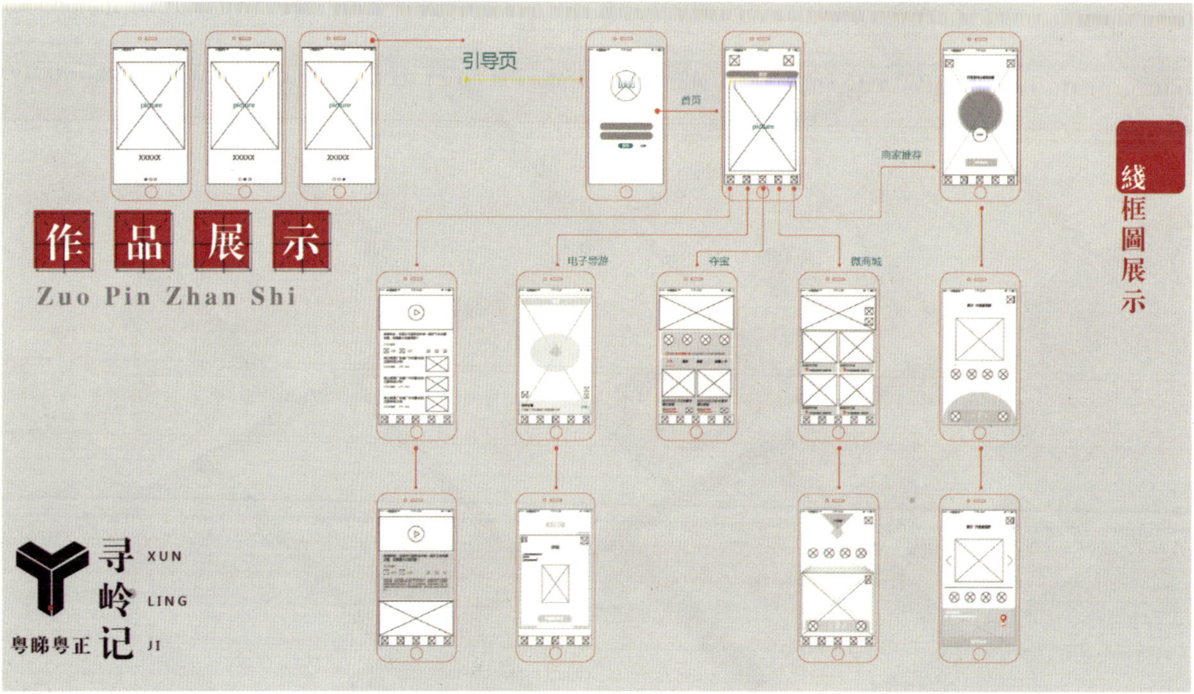

图4–12　APP各功能的线框图设计

业价值和利润收益。

（六）系统详解

1. 电子导游模块

利用扁平化图形设计创意，将具有历史意义和人文价值的景点展示出来，引导用户进行直观认知，激发对广府文化元素的兴趣。（图4–13，图4–14）

2. 微商城模块

在APP内部构建直接交易功能，实现文化创意产品的线上购物，根据不同景点提供不同主题的产品系列。通过微商城商家的整合，建立APP的盈利模式。（图4–15）

图 4–13　APP 界面设计——电子导游模块 1

图 4–14　APP 界面设计——电子导游模块 2

3. 商家推荐模块

根据导航路线规划，推送附近和周边的线下商家信息，为用户提供实时且丰富的选择。这增加了旅游的乐趣，提升了用户的体验愉悦感。（图4-16，图4-17）

图 4-15 APP 界面设计——微商城模块

图 4-16 APP 界面设计——商家推荐模块 1

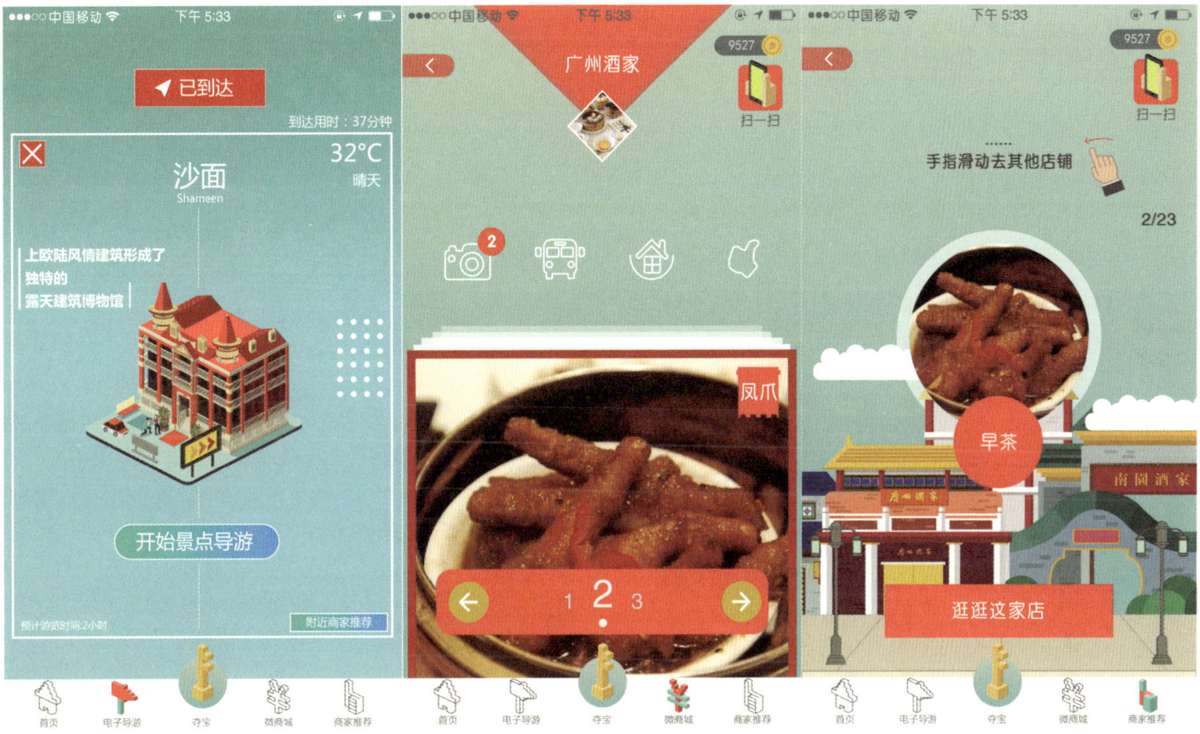

图 4-17　界面设计——商家推荐模块 2

第四节　案例分析

图4-18所示案例是一个小型的B2C电子商务小程序，采用淡雅的色调，界面清新，结构合理。

图4-19所示案例是中国首档大型地名文化类节目《中国地名大会》的小程序。该小程序启动图标采用品牌色，UI界面主色调为淡金黄色，二者基本保持一致，相辅相成。通过既益智又增长知识，同时展示中华民族文化的历史和优越性。

图4-20所示案例是一家餐饮在线点餐的小程序，采用暖色调的色彩，让人充满食欲和胃口。

这款小程序的界面设计非常简洁明了，没有复

图4-18　B2C电子商务小程序

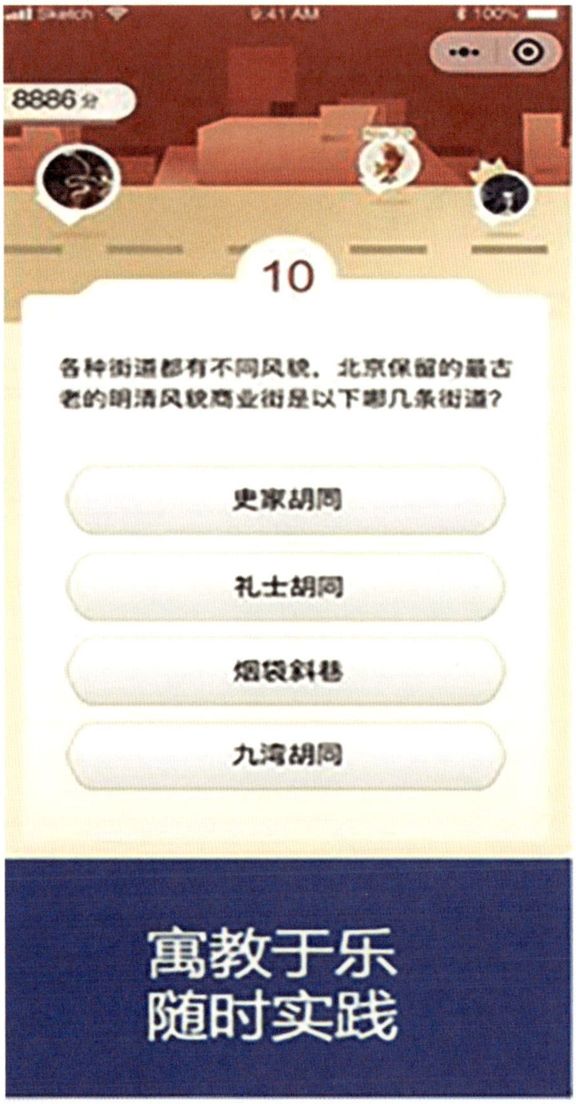

图4-19　中国地名大会

杂的层级结构，用户可以迅速了解主要页面的数量。所有重要的功能都能够通过首页轻松访问，用户可以快速找到自己需要的信息和操作。同时，该小程序还提供了清晰的导航指示，帮助用户随时了解自己浏览时所处的位置。这种简单而直观的设计可以为用户提供更好的使用体验，增强用户对该产品的好感度。相同的控件使用相同的样式，信息传达也到位准确。因此，这些都是一些成功的小程序案例。

图 4–20　在线点餐小程序

第五章　游戏设计中的界面设计

第一节　界面设计在游戏设计中的应用

第二节　界面设计在H5游戏中的应用

第三节　设计与实训

第五章　游戏设计中的界面设计

本章概述

本章第一节介绍了界面设计在游戏设计中的应用，通过案例详细介绍移动数字游戏的界面设计原理，旨在让学生了解数字游戏界面的设计原则。第二节则探讨了界面设计在H5游戏中的应用，通过案例介绍在移动端运行的HTML5小游戏的界面设计，以帮助学生了解H5互动小游戏的相关知识和设计方法。第三节涉及设计与实训，通过项目实训的方式，让学生掌握数字游戏界面的设计方法。

学习目标

通过学习本章内容，学生可以了解数字游戏的界面设计方法和手段，并通过实训任务，掌握数字游戏中界面设计的风格技巧和界面布局要求，从而提升学生在游戏界面设计方面的项目设计能力。

在游戏公司中，游戏项目的开发团队一般包括策划、美术和程序等流程。游戏界面设计作为游戏开发流程的中后期阶段，由游戏美术完成项目的界面绘制后，进行切图制作，并将成果交付到程序部门，进行游戏程序的开发制作。本部分的内容主要要求游戏界面出图格式规范、游戏界面的文件命名规范以及游戏界面的出图尺寸规范。

第一节　界面设计在游戏设计中的应用

狭义上的游戏界面设计是指以计算机、手机和游戏机等电子设备为运营平台，为具有交互功能的视觉元素做出规划和设计的行为。游戏界面设计必须遵循一些基本的规范，使游戏界面在美术与程序两大流程之间可以顺畅对接、移交和完成最后的项目制作。在游戏设计中，需要遵循的设计规范包括：出图格式、文件命名、尺寸、切图输出和圆角设置等。

游戏界面设计包括游戏画面中的按钮、文字、窗口、图标、各级面板，还有许多与游戏用户直接或间接接触的游戏元素。

不同的游戏项目对于游戏界面图稿的输出格式有不同的要求，通常游戏界面的输出格式包括：PSD、JPG（JPEG）、PNG、EPS和TGA等，其中界面图可以分为位图和矢量图两种。

游戏界面设计师常用的设计软件是Photoshop。在这五种输出格式中，常用的位图图片格式是JPG和PNG。相较之下，矢量图在Illustrator中打开后放大到1600倍，图片不会产生失真效果。通常使用Illustrator软件制作矢量图，而位图由多个1像素的颜色方块组成，也被称为像素图。打开位图并将其放大到1600倍时，会出现马赛克的图像效果。

对游戏标志等重要元素制作为矢量图，在宣传物料中放大后也不会失真。一般情况下，游戏界面设计师会绘制游戏UI并输出为PSD格式的文件，这些文件将由游戏界面设计师保管。保留并整理游戏界面的PSD文件可以方便后续对游戏界面进行修改和迭代，这是一项非常重要的工作。JPG（也称为JPEG）是一种图像压缩格式，它使用有损压缩技术去除图像中的冗余数据，从而获得高压缩率的同时仍然能够呈现出色彩鲜艳、生动丰富的图像。PNG图像在浏览器上采用流式的浏览方式，从而获得更优化的网络传输显示，它也是游戏界面设计中经常使用的图像格式，并且可以通过PSD格式直接输出带有透明通道的PNG格式文件用于项目中。TGA格式通常会被用于资源量特别大的游戏项目中，用来显示高质量图像。TGA格式兼顾图像质量和图像体积缩小的优势，在游戏CG领域中常常使用该图像输出格式来输出图标和动画等序列视觉元素。

对游戏界面文件进行命名是游戏UI设计师最重要的工作之一。在软件中绘制游戏界面时，需要对不同文件夹和画布进行命名；与工程师对接开发时，需要对切图进行命名；管理游戏的版本项目文件时，也需要对目录进行命名；因此，命名规范是游戏界面设计师不可忽视的团队协作技能。随着越来越多的互联网团队开始使用云服务同步项目文件，如百度网盘、360云盘等软件，游戏项目文件的命名必须使所有团队成员能够理解，因此文件命名尤为重要。

第二节　界面设计在H5游戏中的应用

本节旨在了解H5小游戏开发的概念，掌握H5游戏功能设计和场景设计的方法，熟悉H5小游戏的开发实现过程。

一、H5游戏界面设计基础

微信小游戏是在微信小程序的基础上添加了游戏库AP。小游戏只能运行在微信小程序环境中，因此既不是原生游戏，也不完全等同于HTML5游戏。小游戏尽量复用了WebGL(Web Graphics Library)、JavaScript等源自浏览器的HTML5技术。

二、项目介绍

举例来说，《飞机大战》是一个非常经典的射击游戏，几乎所有游戏玩家都玩过类似的射击游戏。这类游戏易上手，动作简单，击中目标后即可得分，通过方向操作来躲避敌方子弹，只要在整个过程中不被敌方击中，即可通关。该小游戏和传统射击类游戏类似，分为三个阶段：游戏开始、游戏进行和游戏结束。

（一）界面功能设计

该部分包括背景设计、功能设计、物体移动、边缘检测和碰撞检测等。

（二）背景设计

整个游戏的过程是飞机在天空中持续飞行，飞越河流、飞越山谷，以体现游戏的真实性和刺激性。

（三）游戏物体移动

游戏中敌机、子弹以及玩家自身机体的移动统称为物体的移动。

三、H5游戏界面设计创意类型

以下是H5游戏的界面设计创意类型案例展示：图5-1所示为答题类的H5的游戏。

图5-1　答题类H5游戏“最强擂主”

图5-2所示为游戏交互类。

图5-3所示为长图互动类。

图5-4所示为720度展示类。

图5-5所示为快闪展示类。

H5游戏不仅在手机、微信平台和各大品牌手机平台上运行，还可以以网站和网页的形式在PC端运行，通过鼠标操控来进行H5游戏。这些游戏内容主要涵盖休闲类、轻度或者严肃类的游戏。H5游戏的界面设计主要以平面设计为主，尤其是近几年，扁平化、动图化、高纯度色彩的风格成为H5游戏界面元素设计的流行趋势。

* 图片引自 https://m.mp.oeeee.com/

图5-2　游戏类H5“您有一份来自南海的宝藏挑战书”

图5-3　长图互动类H5“寻找锦鲤活动”

图 5-4　720 度展示类 H5“你好大沥”

图 5-5　快闪展示类 H5“顺德消费券”

第三节　设计与实训

一、游戏界面案例分析

我们先来看几个手机游戏界面、街机游戏界面、VR游戏界面的案例。

（一）手机游戏

我们以《快跑轻院》项目为例进行演示（图5-6）。在游戏动画中，可以看到涵盖了游戏界面的各个方面元素，包括角色、场景以及相关的界面页面等。在手机游戏的开始阶段，90%的游戏会展示一个重复性的动画，设计一个游戏Logo来引导玩家点击进入游戏。

*设计：数字娱乐工作室，设计指导：姚嘉毅

进入游戏后，大多数手机游戏都会出现一个选项对话框，用户手指移动到相关按钮时，菜单会展示角色、任务信息等内容，玩家点击后进入游戏。在游戏界面中，通常左上角会安排角色及血槽等，右边部分会有一些暂停的按钮。当用户结束游戏后，通常会出现一个总分的结算页面以及确认页面。这些是PC版游戏常见的标准界面方式。在了解了PC版游戏的标准方式后，我们可以进行尝试和创新。

（二）街机游戏

这是一款名为《神行百变》的街机游戏（图5-7）。与之前我们所看到的手机游戏不同，这款街机游戏面向儿童。在进入游戏界面后，用户选择相关的技能，游戏角色会完成相应的变形功能。这款游戏特别针对儿童心理，采用了节奏明快、画面简洁、交互功能清晰的游戏界面设计风格。界面上各自功能区域被划分得很好，互不干扰，从而便于进行非精细操控。

图5-6　游戏《快跑轻院》

图 5-7　街机游戏《神行百变》

*设计：数字娱乐工作室，设计指导：姚嘉毅

（三）VR 游戏

VR 游戏是游戏界面设计的新领域。与手机游戏、街机游戏相比，VR 游戏有着很大的不同。用户进入游戏后，可以 360 度环绕式地观看游戏界面，游戏的标志图形（标板）会一直存在。游戏界面非常简洁，只有一个触发键和相应的一些界面特效。（图 5-8）

*设计：数字娱乐工作室，设计指导：姚嘉毅

二、实训准备

（一）实训内容

《大千异闻录》的故事背景取材于东方魔幻题材，讲述了遥远古老的东方世界中，传说中的创造之石和梵天创世之书，正义力量艰难对抗永夜天的邪恶大军，并最终创造明光之城将永夜天镇压于大地之下。根据游戏的设定，我们将设计制作一套基于 PC 平台的游戏界面。

图 5-8　VR 游戏《海洋奇兵》

（二）实训目的

根据游戏项目需求，运用适当的美术风格进行界面设计，掌握有效满足游戏客户需求的美术设计技法。

融入中国元素，掌握界面元素造型和功能按钮的构建方法。

培养以用户为中心的设计思维。

（三）重点

正确理解游戏的设定内涵，把握游戏美术风格。

根据游戏美术风格设计符合客户需求的界面方案。

通过视觉表达和合适的美术技法，体现游戏界面的设定、功能和艺术性。

（四）难点

游戏美术风格的把控。

（五）作业要求

第一，游戏界面设计的创意表达符合游戏设计概念的目标要求。

第二，游戏界面设计布局结构合理、美观大方、制作精细，能有效满足游戏客户对项目的需求。

第三，界面制作符合PC平台发行的要求。

三、实战案例

设计项目：《大千异闻录》游戏界面设计

设计：陈荣华

设计指导：胡克

根据提供的设定，收集相应的设计资料，并从中归纳提取设计素材和灵感，形成初步的设计方案。（图5-9至图5-13）

（一）情绪色板的设计和应用

根据色彩情绪板的归纳和提炼，设计游戏界面的主色调和各种色彩在游戏界面中的应用比例。（图5-14至图5-18）

图5-9　游戏世界观的设定和设计关键词的构建

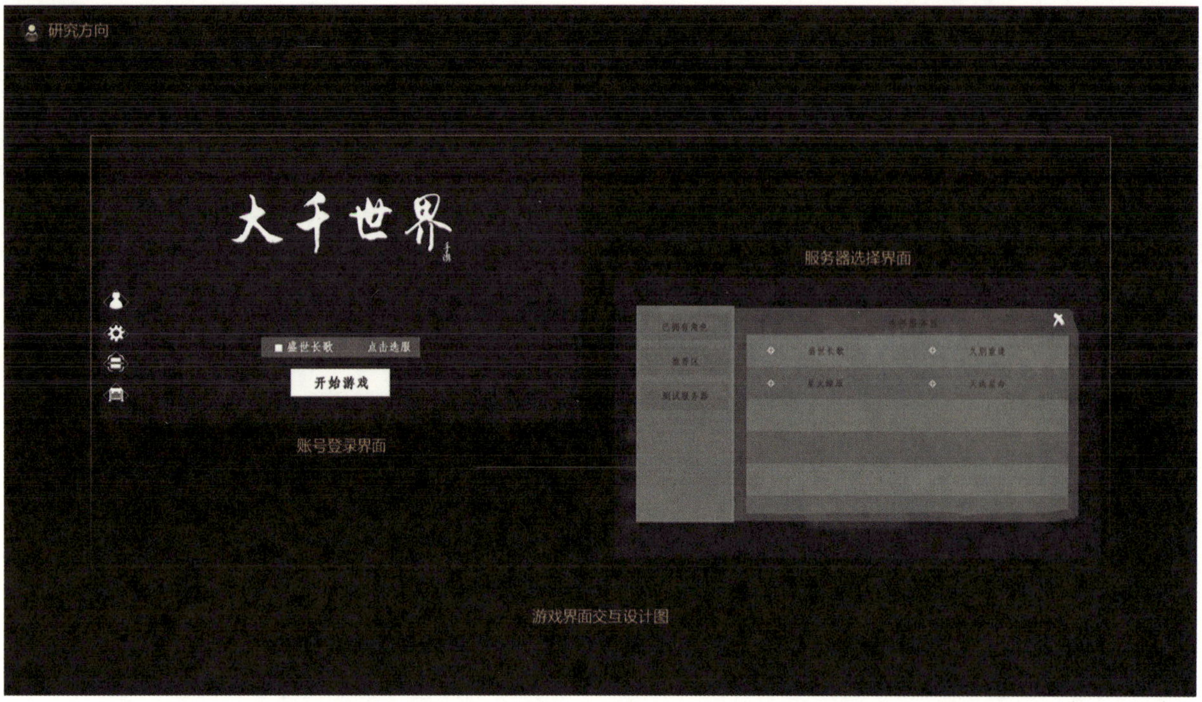

图 5-10　游戏界面交互设计图 -1：游戏开始画面和服务器选择交互设计图

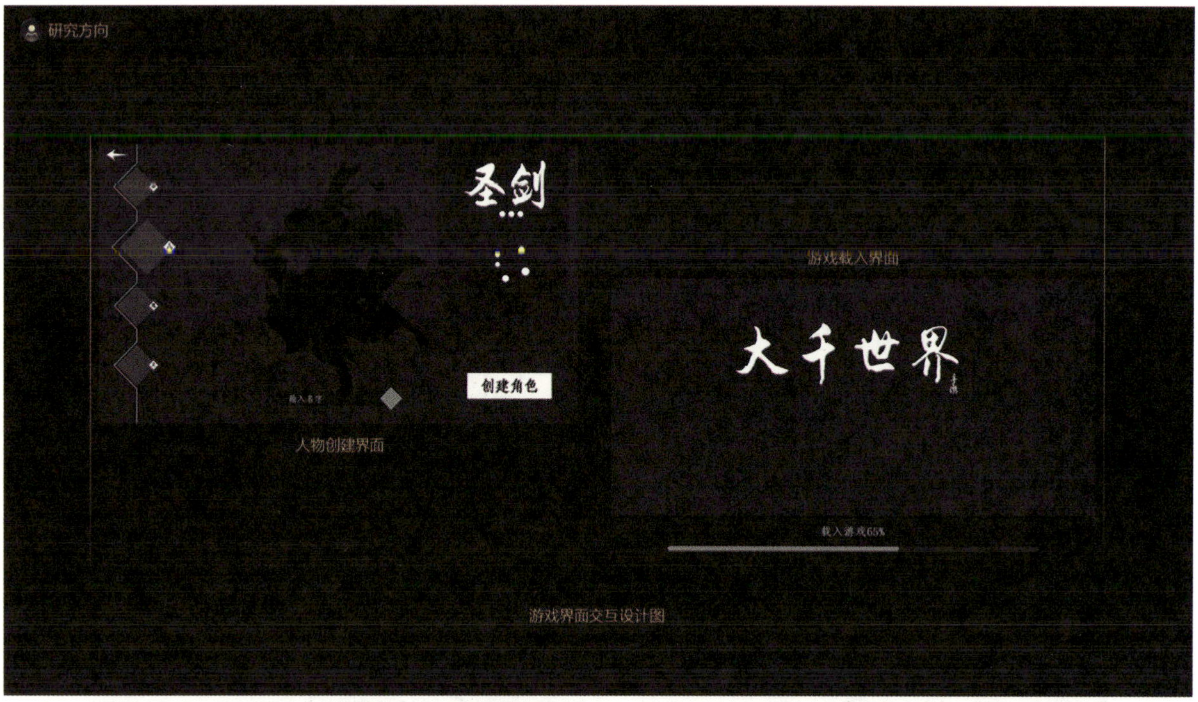

图 5-11　游戏界面交互设计图 -2：人物创建界面和游戏载入界面的交互设计图

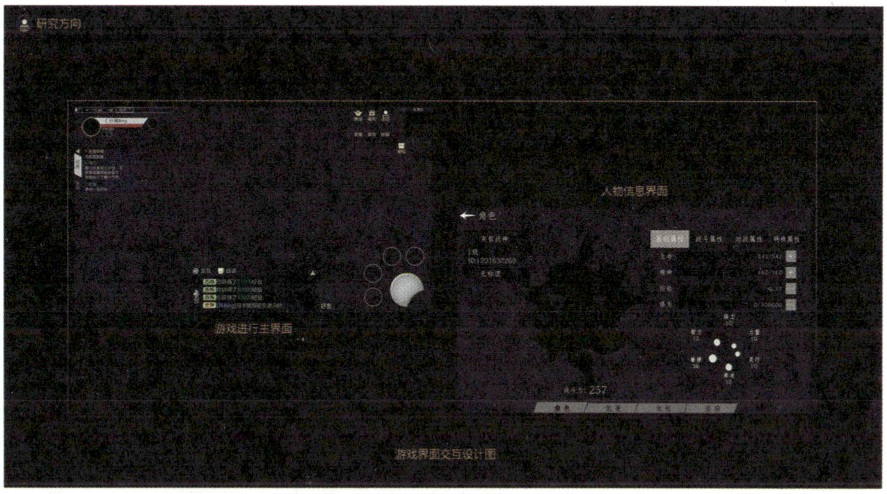

图 5-12　游戏界面交互设计图 -3：游戏进行主界面和任务信息界面交互设计图

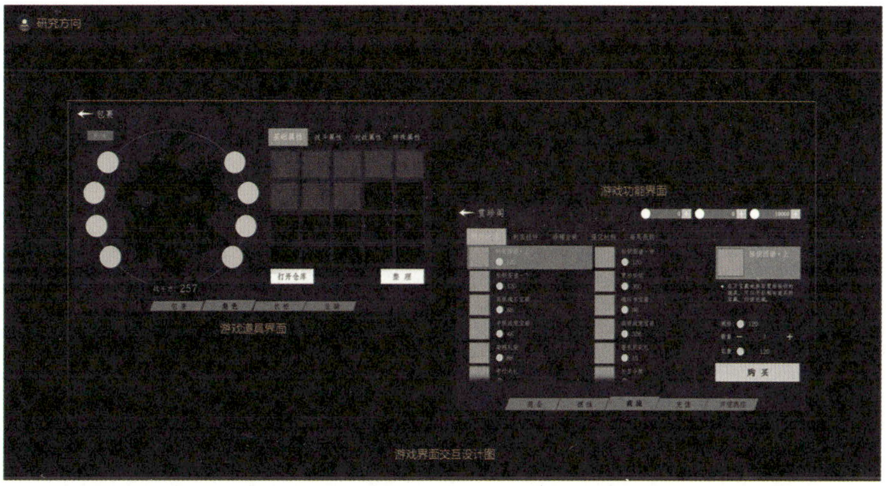

图 5-13　游戏界面交互设计图 -4：游戏道具界面和功能界面的交互设计图

图 5-14　游戏载入界面、游戏 Logo、首页图标和色彩设计

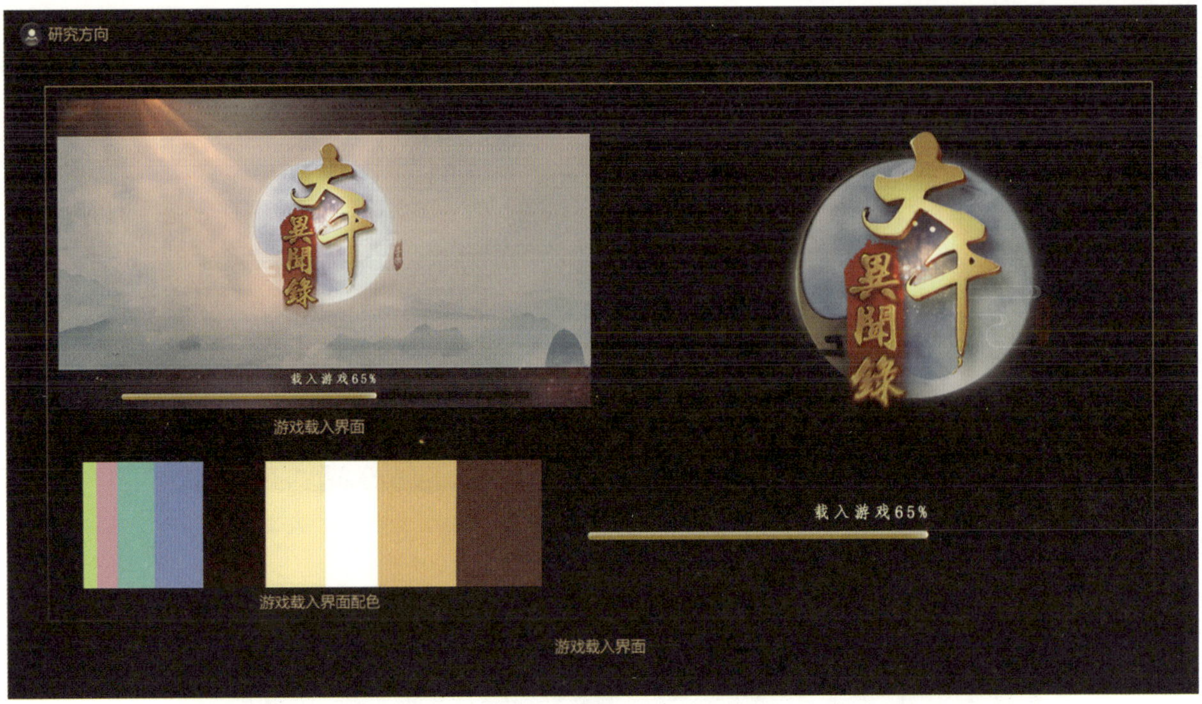

图 5-15　游戏载入界面各界面元素图

图 5-16　角色人物设计

图 5-17　游戏主角色的具体造型设计和着色过程

图 5-18　游戏场景绘制效果

（二）角色设计

在角色人物设计中，采用国风侠客造型作为设计风格进行创作。

（三）游戏启动画面设计

游戏启动画面设计是游戏的形象门面，与游戏的风格密切相关。（图5-19，图5-20）。

（四）游戏内页

在游戏的主要美术风格框架下，内页设计的重点在于功能元素、布局的设计，以及造型和质感等的构建。（图5-21至图5-31）

（五）游戏界面的图标设计

包括启动图标、应用图标和道具图标的设计，都应遵循总体美术风格进行创意设计。在这些小小的方寸之间，巧妙地融入中国元素，向用户传达丰富内涵的功能语意。（图5-32至图5-36）

图5-19 游戏的启动画面效果

图5-20 加载画面及进度条设计效果

图 5-21　游戏任务创建的界面设计

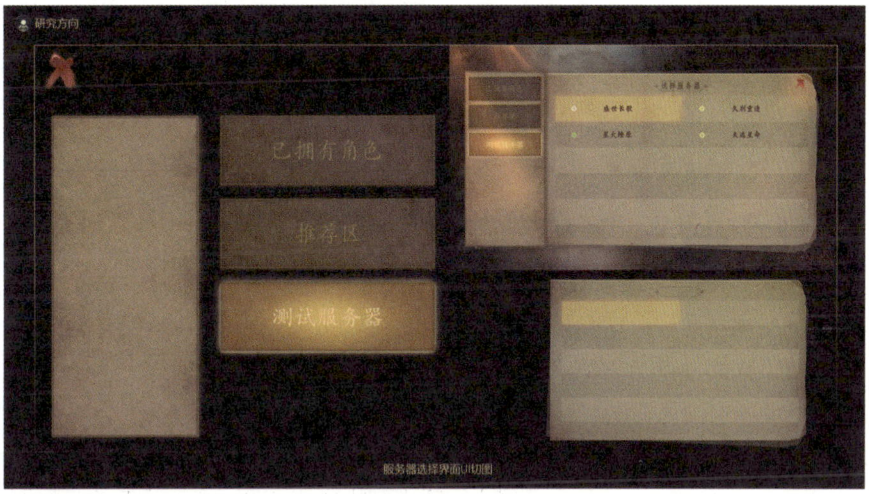

图 5-22　游戏服务器选择界面 -1

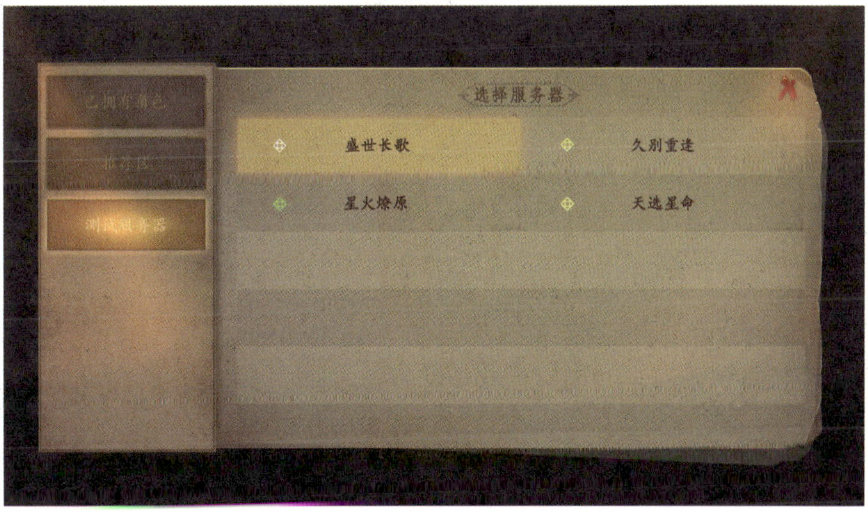

图 5-23　游戏服务器选择界面 -2

图 5-24 游戏角色选择界面设计 -1：以列表形式构建界面版面效果

图 5-25 游戏角色选择界面设计 -2：装备及道具选择界面

图 5-26　道具界面设计 -1：列表式界面框架布局

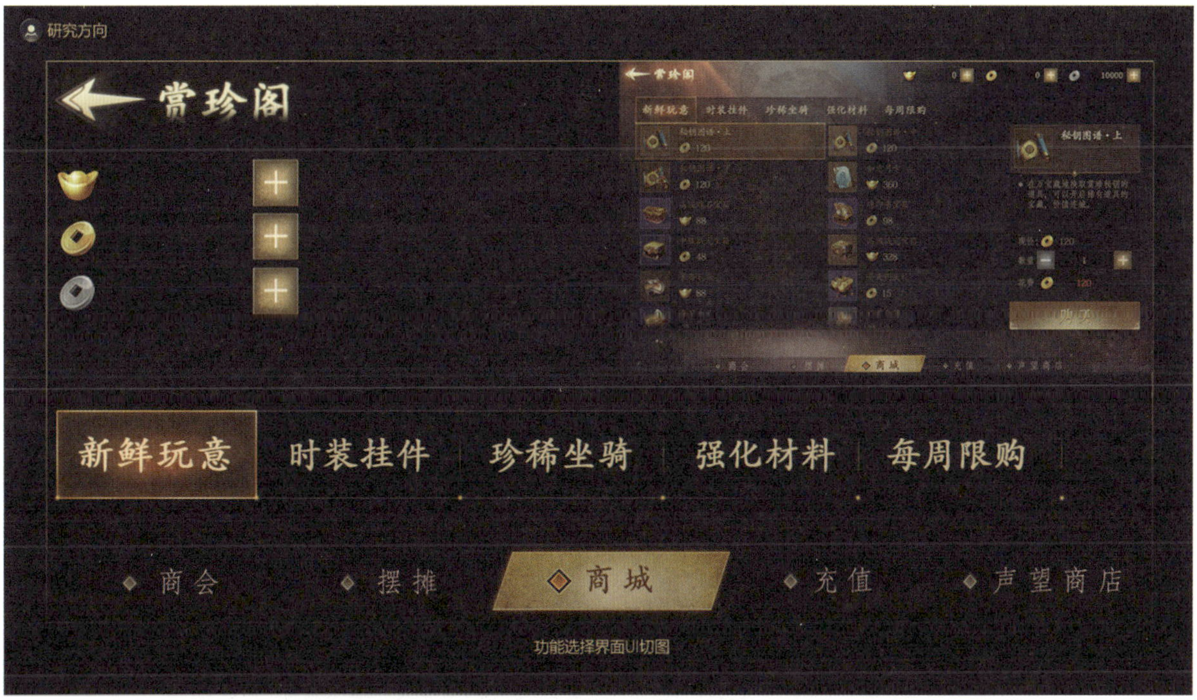

图 5-27　道具界面设计 -2：功能选择界面 UI 切图

图 5-28 结算界面设计

图 5-29 角色创建界面设计 -1

图 5-30 角色创建界面设计 -2：人物创建界面 UI 切图

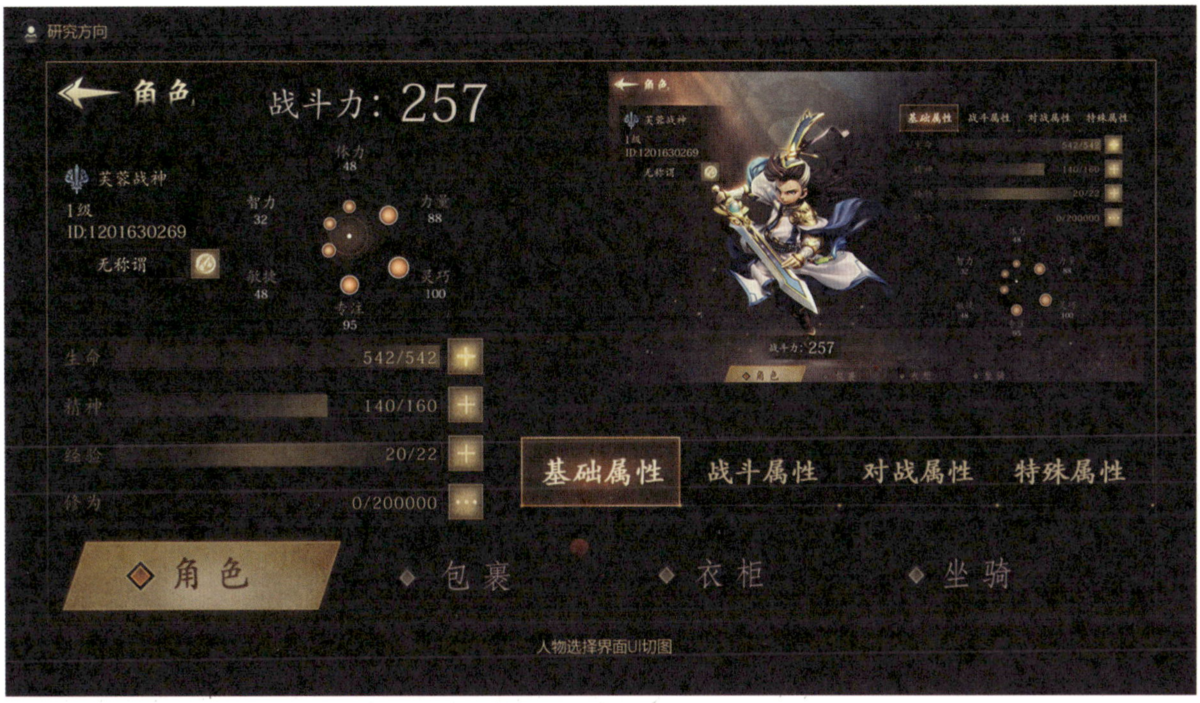

图 5-31　角色创建界面设计 -3：人物选择界面 UI 切图

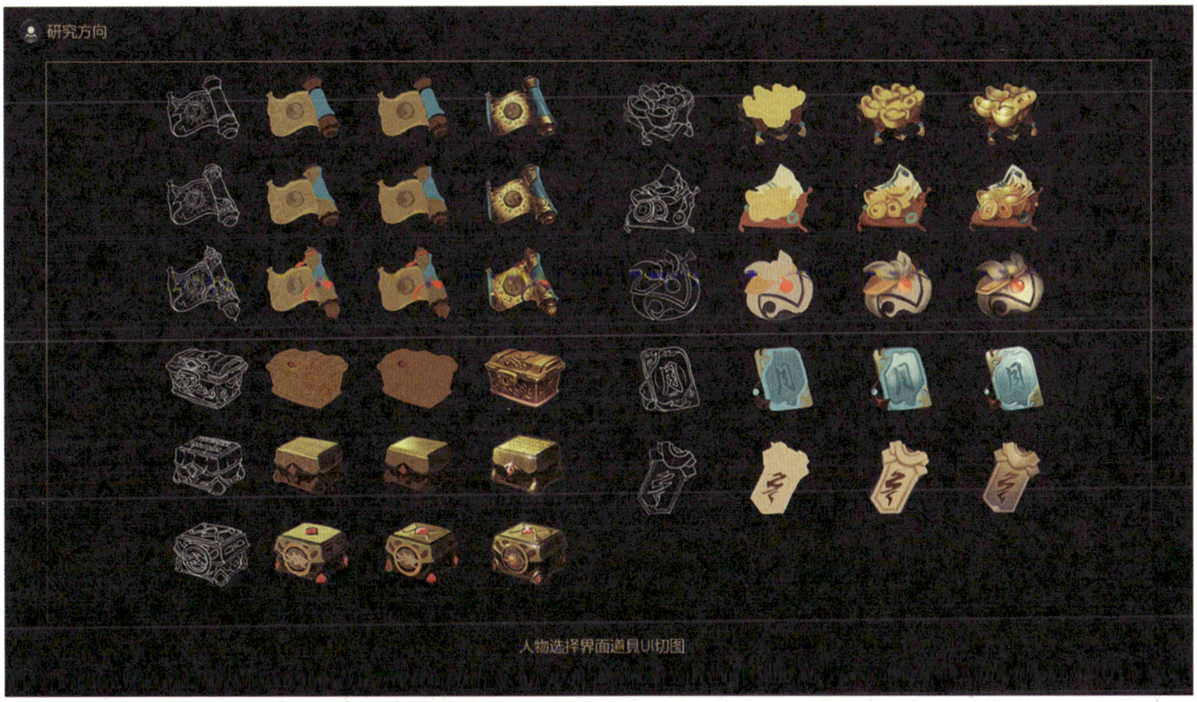

图 5-32　游戏界面图标设计 -1：道具的设计及 UI 切图

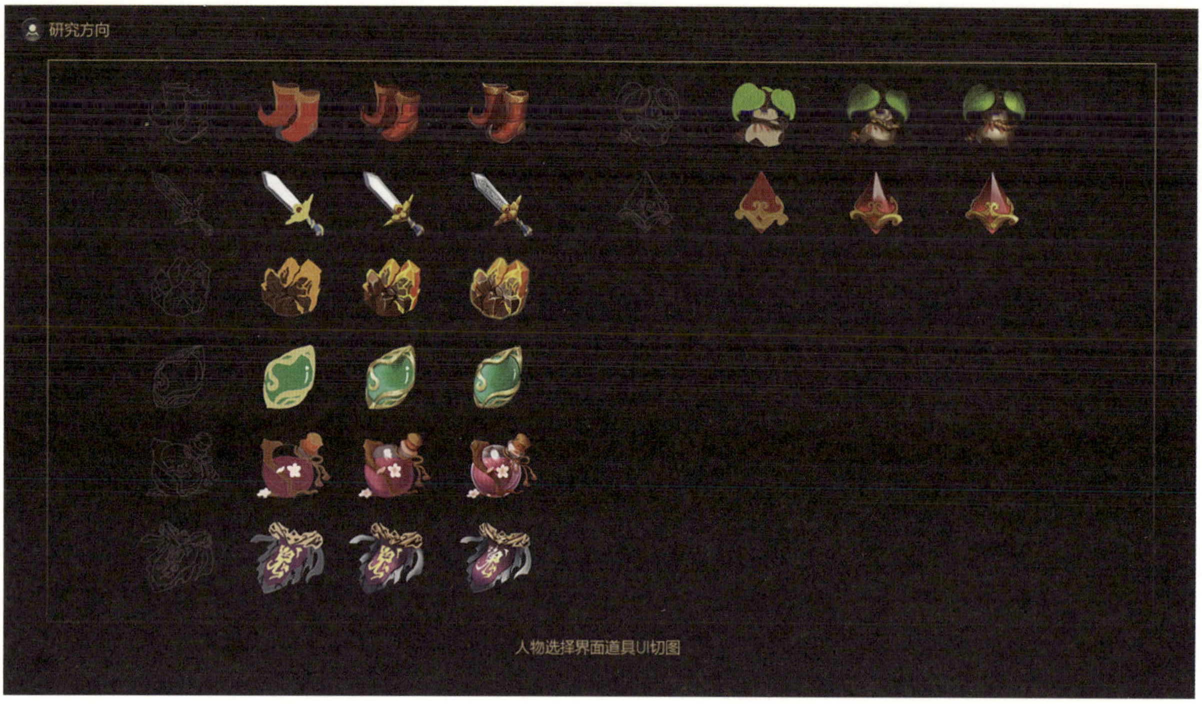

图 5-33　游戏界面图标设计 -2：道具 UI 切图画面

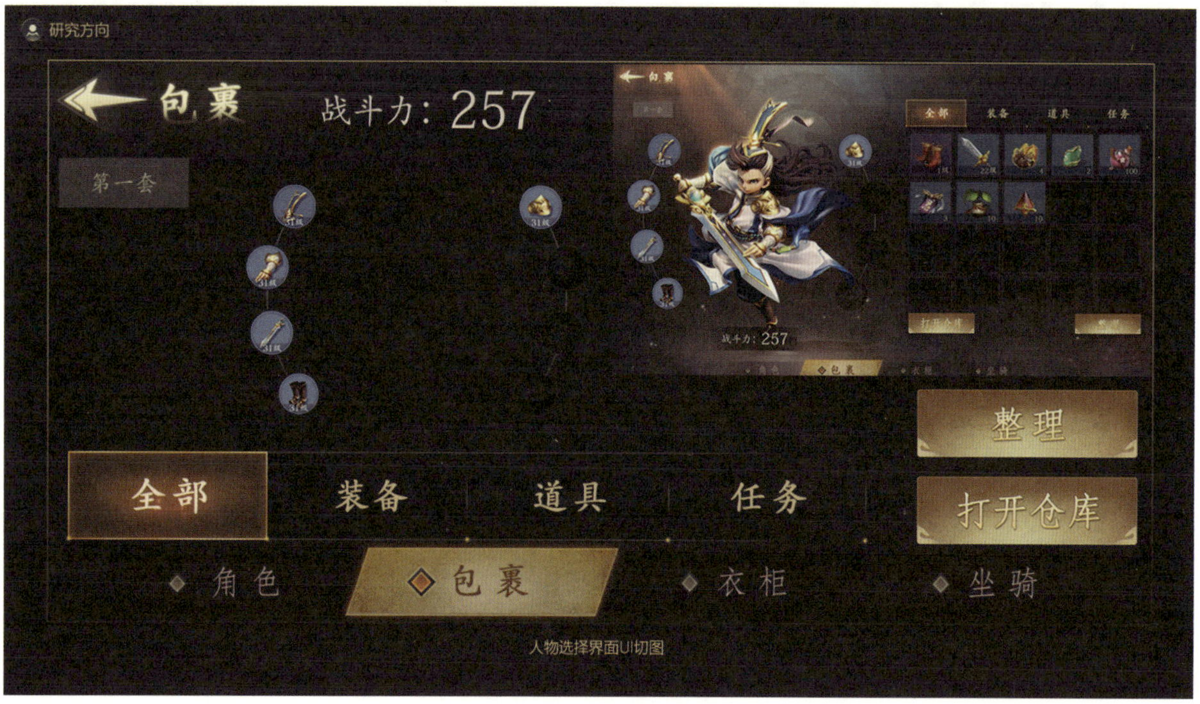

图 5-34　游戏包裹栏目界面设计

图 5-35　游戏进行界面设计 -1：界面 UI 切图

图 5-36　游戏进行界面设计 -2

结 语

现代化智能产品在我们的生活中越来越普及。随着智能产品的日益复杂，涌现出了全新的设计领域，包括产品界面设计、用户体验和情感化设计。用户在使用智能产品时产生一系列心理反应，涵盖与产品、程序或系统的交互过程中的方方面面。在设计和开发智能产品时，必须充分考虑用户的体验，关注用户需求，提供更好的交互界面设计、功能体验和视觉效果，以增强产品的吸引力和竞争力。产品界面设计涉及个人或群体需要、愿望、信念、知识、技能、经验和看法等多个方面，包含产品设计、服务、活动和环境等元素。用户界面使用体验中，用户成为产品使用的主导者。良好的用户界面体验与用户的心理、教育程度和生活背景密切相关。在智能产品界面设计过程中，邀请用户参与是保障产品界面符合用户体验的关键。智能产品界面设计应包括体验设计的五大要素：一致性设计原则、可视性设计原则、信息反馈设计原则、容错性设计原则和安全性设计原则。通过场景化设计，引用网络语言相关话题和情感化设计，可以有效提升用户体验度，使用户愉悦地使用产品，摆脱单调界面的束缚。

参考资料

[1] 侯森. 色彩与布局在移动App界面设计中的应用 [J]. 电脑知识与技术，2022，18（27）：89-90+93.

[2] 任燕，王思行. 游戏用户界面设计的交互性优化趋势浅析 [J]. 数字技术与应用，2022，40（09）：183-186.

[3] 汪倩. 传统美学视角下移动端UI界面设计的应用研究 [J]. 艺术品鉴，2022（26）：69-72.

[4] 朱锐锋. 色彩在中国风游戏界面设计上的应用 [J]. 流行色，2022（08）：15-17.

[5] 靳小航，戚雨莹. 情感化视觉元素在旅游类App界面设计中的运用 [J]. 旅游与摄影，2022（12）：69-71.

[6] 马嘶风. 交互界面设计中的情感化因素分析 [J]. 包装工程，2022，43（12）：355-358.

[7] 胡克. 基于岭南文化元素系统化建构视阈的游戏设计 [J]. 中国艺术，2021（01）：95-100.

[8] 胡克. 交互界面设计的情感化语意研究 [J]. 广东第二师范学院学报，2017，37（04）：90-93.

[9] 胡克. 智能手机交互界面创新设计 [J]. 包装工程，2009，30（06）：102-104.

[10] 胡克. 岭南文化元素的新媒体数字化应用探索 [M]. 广州：岭南美术出版社，2020：035.

[11] 胡克. 浅谈高职多媒体设计职业岗位与人才培养 [J]. 中国成人教育，2013，（4）：160-162.

[12] 岑辉宇. 用户界面设计和体验设计的差别 [J]. 计算机与网络，2018，44（11）：40-41.

[13] 胡克. 移动互联网背景下儿童教育APP行为模式研究——以儿童类应用“我是谁”的创意设计为例 [J]. 美术大观，2016，（12）：130-131.

[14] 胡克.虚拟交互角色的应用探讨 [J]. 艺术与设计（理论），2009，2（08）：270-272.

[15] Taco. 超全面的UI设计规范整理汇总（包含iPhoneX适配），新浪网，2018，http：//blog.sina.com.

[16] 周健. 基于1+X证书的界面设计教育实践 [J]. 电子技术，2021，50（05）：176-177.

[17] 界面设计职业技能等级标准，百度文库，2020，https：//wenku.baidu.